自主航行技术

胡昌华　周　涛　编著
郑建飞　李红增

西北工业大学出版社

【内容简介】 本书系统地介绍了自主航行器和自主航行技术。全书共分四章。第一章概括性地介绍了自主航行技术、自主航行器的种类及发展趋势。第二章系统地介绍了无人驾驶汽车、火星探险车、机器人等陆地自主航行器,无人飞机、导弹、高超声速飞行器、人造卫星、深空探测器等空间自主航行器及鱼雷等水中自主航行器。第三章系统地介绍了自主导航技术,包括惯性导航技术、卫星导航技术、天文导航技术、无线电导航技术、雷达导航技术、匹配导航技术、视觉导航技术、组合导航技术等。第四章介绍了自主航行器的能源动力技术,包括吸气式发动机、火箭发动机以及核能、太阳能、电推进等新能源动力技术。

本书可作为导航制导与控制专业本科生的入门教材,对从事汽车、飞机、导弹、舰船、水中兵器等行业导航制导与控制技术研究的科技工作者也不失为一本内容全面系统的参考书,对爱好自主航行技术的广大读者则是一本很好的科普读物。

图书在版编目(CIP)数据

自主航行技术/胡昌华等编著 . —西安:西北工业大学出版社,2014.9
ISBN 978 - 7 - 5612 - 4137 - 0

Ⅰ.①自…　　Ⅱ.①胡…　　Ⅲ.①自主制导　　Ⅳ.①V448.131

中国版本图书馆 CIP 数据核字(2014)第 213253 号

出版发行:西北工业大学出版社
通信地址:西安市友谊西路 127 号　　　邮编:710072
电　　话:(029)88493844　　88491757
网　　址:www.nwpup.com
印 刷 者:陕西宝石兰印务有限责任公司
开　　本:787 mm×1 092 mm　　1/16
印　　张:8.875
字　　数:212 千字
版　　次:2014 年 9 月第 1 版　　2014 年 9 月第 1 次印刷
定　　价:26.00 元

前　　言

自主航行是人类千百年来的梦想。数千年前的中国神话故事中就有千里眼、顺风耳、腾云驾雾的想象,随着雷达、运载火箭、飞机、汽车、轮船的发明,这些想象大都已变为了现实。人类航行的脚步上至月球、火星甚至深空,下至深海,所有这些都离不开自主航行技术。自主航行技术不仅受到众多科技工作者的关注,也引起了普通大众的广泛兴趣。什么是自主航行? 什么是自主导航? 有哪些自主导航技术? 自主导航技术有哪些应用? 有哪些自主航行器? 迄今为止,还没有一本书能够系统地回答这些问题。即便是高等学校导航制导与控制专业的学生,在学习的时候对这些问题也缺少全面系统的认识,对知识的学习常常是只见树木,不见森林,陷入知其然而不知其所以然的困惑,使学习变得枯燥而失去学习的兴趣。

为使导航制导与控制专业的学生从一开始就对自主导航技术有一个全面的了解,激发学生自主学习、探究自主导航技术的热情,第二炮兵工程大学校领导和训练部倡议在飞行器控制专业的新生中开设一门新生研讨课"自主航行技术",该设想得到了第二炮兵工程大学控制工程系广大教师的积极支持和响应,在这种背景下,由第二炮兵工程大学"国家教学名师"胡昌华教授领衔主持开设了新生研讨课"自主航行技术",应课程需要,编写了本书。

本书涉及的内容尽管十分丰富广泛,但笔者力图做到系统性、前沿性、科普性、可读性的完美统一,具有下述特点。

(1)系统性强。本书涵盖了无人驾驶汽车、火星探险车、机器人等陆地自主航行器,无人飞机、导弹、高超声速飞行器、人造卫星、深空探测器等空间自主航行器,鱼雷等水中自主航行器,包罗现有自主航行器的大多数方面,涉及惯性导航技术、卫星导航技术、无线电导航技术、匹配导航技术、视觉导航技术、复合导航技术等导航技术。

(2)前沿性好。本书在编写过程中非常注意吸纳相关领域的最新科技成果,很好地反映了自主导航领域的最新科研成果,如原子陀螺、组合导航、高超声速飞行器等自主导航技术和自主航行器方面的最新成就在书中均有所介绍。

(3)科普性、可读性强。本书在写作过程中力求深入浅出,尽量用通俗的语言介绍相关内容,具有很好的可读性和科普性。

胡昌华教授在广泛调研和充分论证的基础上确定了全书的架构,并亲自撰写、统稿,第二炮兵工程大学控制工程系周涛、郑建飞、李红增、马清亮、蔡光斌等同志参与了部分内容的资料收集和编写工作。本书是第二炮兵工程大学控制工程系测控教研室集体智慧的结晶,在此,向对本书编著出版给予帮助的同志致以深深的谢意。

由于本书的内容十分丰富繁杂,涉及的知识面很广,限于水平,书中难免存在一些不妥之处,敬请广大读者批评指正!

胡昌华

2014 年 2 月 26 日于古都西安

目　　录

第一章 概　　述

1.1　人类航行的脚步

"可上九天揽月，可下五洋捉鳖"，诗人以其浪漫主义的想象道出了人类走向大海、走向蓝天、征服自然的豪迈情怀。人类航行的脚步是随着人类认识自然、征服自然、改造自然能力的越来越强而越走越远的。在仅靠双脚行走的原始社会，人类航行的范围只局限在部落管控范围的几个山头、几片草地、几个湖泊；成吉思汗依靠战马的铁蹄而横扫中原，一统中国，却也只限于欧亚大陆的范围；哥伦布依靠对地球的科学认识，借助轮船和枪炮，征服了大海，实现了环球航行；莱特兄弟发明了飞机，实现了人类飞天的梦想，人们终于可以借助飞机翱翔于蓝天；美国人发明了宇宙飞船，实现了人类穿越蓝天、飞向宇宙的梦想，使"坐地日行八万里，巡天遥看一千河"成为现实。

以上这些航行，还都是在人类亲自参与的条件下进行的航行，但人类自身毕竟存在许多的局限，深海航行面临的巨大水压和复杂海洋环境是否适合人类生存？深空探测面临的缺氧、失重、辐射等太空环境也不适合人类生存。即使是在陆地上、大气层内，如何实现不会驾驶技术的人，也可开汽车、飞机？在战争条件下，在有毒、有害等不适宜人类生存的条件下如何实现航行？

自主航行是人类征服自然的又一个梦想，而且已经部分实现。人类已经发明了许多自主航行器，如导弹、无人飞机、无人驾驶汽车、自主水下航行器（水下机器人）、卫星、航天飞机等。导弹可以按照预定航迹自主飞向目标打击敌人。无人飞机在海湾战争中大显身手，在侦查、指挥控制、建立战时即时通信链路、精确打击、打击效果评估等方面发挥了独特的作用。卫星在遥感、精确导航制导与控制、通信等方面发挥了无可比拟的作用。自主水下航行器（水下机器人）在水下监听、自主攻击、深海探测等方面将发挥不可替代的作用。2012年，互联网报道美国谷歌研发的自动驾驶汽车已经在复杂自然道路上自主航行超过30万公里。

目前，人类探索的目光已经投向深空、深海，出现了深空探测器（如美国的火星探险车）、深海探测器（如中国的"蛟龙号"深海航行器）。恶劣条件下自主航行、高速航行成为人们又一个力求征服的目标，发展高性能的无人飞机、无人驾驶汽车、自主水下航行器（水下机器人）、高超声速飞行器成为当今世界各国竞相争夺的目标。

1.2　自主航行技术

所谓自主航行是指航行器不依赖外界支持，完全依靠航行器自身所载设备，自主确定自身所处位置、速度和姿态，自主控制和调整航行器姿态和方位，直至抵达目的地的航行。自主航行具有完全自主、不受干扰、强隐蔽等特点。

(1)实现自主航行需要有导航技术和导航设备。所谓导航,顾名思义就是引导航行的意思。导航技术就是将航行器(如飞机等航空器,卫星、宇宙飞船等航天器,汽车等陆地航行器,轮船、潜艇等水上和水下航行器)从一个位置(当时位置)引导到另一个位置(目的地)的技术。导航设备就是能自主地确定航行器所处位置、速度、姿态和航向的设备。目前实现导航的方式主要包括惯性导航、无线电导航、卫星导航、星光导航、匹配导航、相对导航等,对应的导航设备称为惯性导航设备、无线电导航设备、卫星导航设备、星光导航设备、匹配导航设备、相对导航设备等。

(2)实现自主航行需要航迹规划与控制技术。航行器按照规划的航线航行,导航设备确定航行器当前所处的实际位置、速度、姿态和航向,与航行器预期航线和当前时刻实际应达到的位置、速度、姿态和航向比较,控制系统根据二者的偏差进行误差校正和控制,引导航行器到达预期目的地。

(3)实现自主航行需要能源动力和推进技术。现有的实现自主航行的能源主要包括化学能、核能、太阳能、风能,如汽车、飞机的发动机将石油等化学原料转化为电力、推进动力,核潜艇将核聚变或核裂变释放的能量转化为电力、推进动力,无人飞机用具有光伏效应的材料制作机翼收集太阳能将太阳能转化为电力、推进动力。现有的动力或推进技术主要包括三大类:一是火箭推进技术,如导弹等运载体,依靠自身携带的固体或液体氧化剂和燃烧剂燃烧,产生动力和推力,实现对航行器的推进;二是发动机技术,如吸气式发动机、排气式发动机、冲压发动机、超燃冲压发动机等,将石油等化学原料转化为电力、推进动力;三是电动推进技术,首先将核能、太阳能、风能、化学能转化为电能,然后将电能转化为电力、推进动力。

1.3 自主航行器

自主航行器是一种依靠自身导航制导与控制设备完成航行任务的系统。自主航行器包括陆地自主航行器、空间自主航行器和水中自主航行器。

陆地自主航行器包括无人驾驶汽车、无人战车、无人驾驶扫雷车、无人驾驶坦克、机器人士兵、生命探测机器人、月球探测车、火星探险车等。

空间自主航行器包括无人飞机、导弹、高超声速巡航导弹、人造卫星、深空探测器等。

水中自主航行器包括自导鱼雷、自主水下航行器等。

1.4 自主航行的发展趋势

随着科技的发展和需求的强烈驱动,自主航行技术和自主航行器得到了快速发展,纵观自主航行技术和自主航行器的发展,主要呈现如下发展趋势:

(1)智能化。将人工智能技术应用于导航系统,使航行器具有某些人类的智能思维行为,形成智能自主导航器。智能自主导航器充分利用现代信息感知能力,并依靠内置的智能计算机,使载体能够在复杂干扰情况下自行探测、判定、选择和跟踪目标,自动选择导航方式、航行方式和航行路线,规避在航线上敌方可能的拦截和干扰,极大地提高了航行器的抗干扰能力、突防能力和精确打击能力。

(2)低成本、小型化。随着现代微电子技术、光电子技术以及微机电系统技术的不断发展,自主导航系统正朝着微小型化、模块化、集成化和一体化的方向快速发展。微小型化技术不但可以降低载体功能部件自身的质量,也会带来相关分系统的小型化和低功耗。可以预见,随着微米和纳米技术的发展,微机电系统技术和微米纳米技术必将进一步促进导航敏感器的微小型化进程。为了减少导航配置,尽可能提高导航敏感器的复用程度,在不同的任务阶段采用相同的导航敏感器。美国的深空探测任务往往借用科学探测有效载荷相机作为导航相机完成视觉导航任务,如旅行者号和深空 1 号探测器。

(3)高精度复合导航。单一形式的自主导航技术各有其优缺点,在航行器上单独使用某一导航系统时,往往很难满足对导航性能的要求,在实际中通过采用复合导航或组合导航技术。复合导航组合两种或两种以上非相似导航系统,综合利用数字滤波、最优估计、信息融合技术,把各导航系统的导航信息融合在一起,得到比任何单一导航方式更高的导航精度。

复合导航或组合导航带来以下三方面的优点:①高精度。组合导航系统的精度高于任何单一导航方式的导航精度。②互补性与高适应性。组合导航系统充分利用不同导航方式的优点,相互取长补短,使组合导航系统具有单一导航方式所不具备的功能,提高了导航系统的适应性和使用范围。③冗余性与容错性。组合导航系统的各子导航系统分别感测同一信息源,得到的导航信息具有冗余性,提高了整个导航系统的容错能力和可靠性。

(4)自诊断、自修复、高可靠、长运行时间。长航时、高可靠、高安全运行是现代自主航行器的必然要求,为此,现代自主航行器上普遍带有故障自检测、自诊断、自修复和容错技术,故障预报、寿命预测和健康管理技术。

(5)恶劣环境适应性。无人战车、战场机器人、无人飞机等军事用途的地面自主航行器,必须面对和适应核辐射沾染、电子对抗等恶劣战场环境。水中自主航行器必须面对和适应复杂的背景水声、水压、噪声、水中电子对抗等恶劣的水中环境。空间自主航行器必须面对和适应太阳黑子、磁爆、人为空间对抗等空间恶劣环境。

第二章 自主航行器

自主导航技术已经在国民经济、社会生活、军事等领域得到广泛应用,形成了无人驾驶汽车、无人飞机、导弹、深空探测器和水下航行器等各类不同用途的自主航行器。本章介绍几种典型的陆地、空间、水中自主航行器。

2.1 陆地自主航行器

陆地自主航行器包括无人驾驶车(汽车、战车、扫雷车、坦克等)、自主移动机器人(机器士兵、生命探测机器人、排爆/核生化特种作业机器人等)、月球探测车、火星探险车等。

2.1.1 无人驾驶汽车

无人驾驶汽车是通过车载传感系统感知道路环境,自动规划行车路线,通过行为处理和执行控制等一系列过程控制车辆自主行驶并到达预定目标的智能汽车。

从 20 世纪 70 年代开始,美国、英国、德国等发达国家开始进行无人驾驶汽车的研究,目前在可行性和实用化方面都取得了突破性的进展。据 2012 年互联网报道,美国谷歌公司研发的无人驾驶汽车在复杂城市交通路面累计行程已经超过 30 万公里,已经完全具备实用化能力。

我国从 20 世纪 80 年代开始进行无人驾驶汽车的研究,国防科技大学在 1992 年成功研制出我国第一辆真正意义上的无人驾驶汽车。2000 年 6 月,国防科技大学研制的第 4 代无人驾驶汽车试验成功,最高速度达 76km/h,创下国内最高纪录。2005 年,由上海和欧盟科学家合作的"中国城市交通中的无人驾驶技术(CyberC3)"项目取得了阶段性成果,首辆城市无人驾驶汽车在上海交通大学研制成功,该车率先在上海世纪公园进行了示范运营,并在 2010 年上海世博会上大展身手。最近,国防科技大学机电工程与自动化学院和中国第一汽车集团公司联合研发了红旗旗舰无人驾驶轿车,其总体技术性能和指标已经达到世界先进水平。该车装备了摄像机、雷达,可以自主导航,对道路环境、障碍物进行判断识别,自动调整速度,不需要人做任何干预操作。与电子巡航、GPS 导航不同的是,它的定位更加精确,转弯和遇到复杂情况时也不需要人来控制。车内的环境识别系统能够识别出道路状况、测量前方车辆的距离和相对速度,相当于驾驶员的眼睛;车载主控计算机和相应的路径规划软件根据计算机视觉提供的道路信息、车前情况以及自身的行驶状态,决定继续前进还是换道准备超车,相当于驾驶员的大脑;接着,自动驾驶控制软件按照需要跟踪的路径和汽车行驶动力学,向方向盘、油门和刹车控制器发出动作指令,操纵汽车按规划好的路径前进,起到驾驶员的手和脚的作用。

无人驾驶汽车集系统工程、自动控制、人工智能、视觉计算等众多技术于一体,是计算机科学、模式识别和智能控制技术高度发展的产物,也是衡量一个国家科研实力和工业水平的重要标志之一,在国防和国民经济领域具有广阔的应用前景。国家自然科学基金委员会于 2008 年设立了"视听觉信息的认知计算"重大研究计划,其目标任务之一就是集成人的听视觉认知机理等基础科学研究成果,研制具有自然环境感知与智能行为决策能力的无人驾驶车辆验证平台。无人驾驶汽车是未来汽车发展的方向,人类在不久的将来会用上智能型无人驾驶汽车。那是一种将探测、识别、判断、决策、优化、优选、执行、反馈、纠偏功能融为一体,会学习、会总结、会提高技能,集微电脑、微电机、绿色环保动力系统、新型结构材料等顶尖科技成果于一体的智能汽车。

无人驾驶汽车主要由基础平台、主控系统、运动控制系统、环境感知系统、自主导航系统等组成。

基础平台可根据实际需求选取,如在高速公路、城市道路等结构化道路上行驶,可以选取一般的小型汽车,在野外环境如乡村、山地等非结构化道路上行驶,可选择运动型或越野型汽车,而在月球或其他星球表面等未知环境中行驶,则需要专门设计的月球车或火星车作为基础平台。

主控系统是无人驾驶汽车的数据处理中心和控制中心,完成传感器数据的采集、处理和融合,路径规划计算,自主导航计算,发出控制指令等工作。

运动控制系统主要包括转向控制系统、调速控制系统和制动控制系统,接收来自车载主控系统的指令信号,完成辅助驾驶或自主驾驶控制功能。

环境感知系统主要由装配在车身的各种传感器构成,通过不同类型的传感器实时获取外部环境信息,建立外部环境模型,通过科学的算法实现正确的路径规划。常用的环境感知传感器有激光测距仪(Laser Range Finder,LRF)、测距雷达(Radar)、摄像头(可见光、红外线)等。激光测距仪发射多束激光射线,车辆周围的物体会反射激光,测量激光从发射到返回的时间差即可计算出汽车与物体的距离;由摄像头构成的光学立体视觉系统可以实时生成前方道路的三维图像,检测诸如行人之类的潜在危险,并且预测他们的行动。无人驾驶汽车会把激光测距仪测量数据、雷达测量信息、实时光学图像数据和内置的实景(街景、地理)地图信息相结合,构建不同的三维道路模型,以便汽车能够识别各种障碍(行人、建筑等)和各种交通标识,如速度限制、红绿灯、车道划分、停靠点等,保证汽车在遵守交通规则的前提下安全行驶。

自主导航系统通常包括惯性(INS)导航子系统、卫星(GPS)导航子系统、航位推算(DR)导航子系统、"地标+地图"匹配子系统及数据融合处理子系统。

无人驾驶汽车的工作原理:利用车载测量仪器测量车体姿态和运动参数,利用各种车载传感器来感知车辆周围环境,对获取的数据信息进行处理后得到车辆位置、道路和障碍物等信息,依靠车内的以计算机系统为主的智能驾驶仪(主控系统)控制车辆的转向和速度,从而使车辆能够安全、可靠地在道路上行驶,并准确到达目的地。

一个典型的无人驾驶汽车自主导航系统结构框图如图 2.1.1 所示。

1. 惯性航位推算定位原理

由里程计测量车辆行驶的距离增量 Δd_i,惯性设备测量航向角 ψ_i,高程计测量载体相对高程变化量 Δz_i 推算出航程俯仰角 $\theta_i = \arcsin(\Delta z_i / \Delta d_i)$,在已知初始位置条件下能够实时推算出车辆的位置 x, y, z。具体航位推算过程见图 2.1.2。

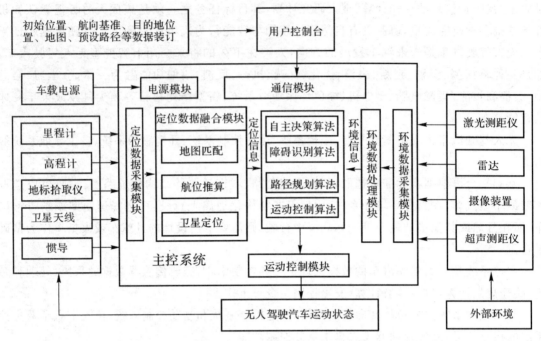

图 2.1.1　一个典型的无人驾驶汽车自主导航系统结构框图

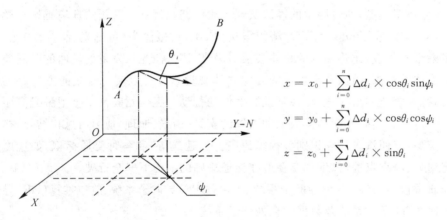

$$x = x_0 + \sum_{i=0}^{n} \Delta d_i \times \cos\theta_i \sin\psi_i$$

$$y = y_0 + \sum_{i=0}^{n} \Delta d_i \times \cos\theta_i \cos\psi_i$$

$$z = z_0 + \sum_{i=0}^{n} \Delta d_i \times \sin\theta_i$$

图 2.1.2　航位推算原理图

2.地图匹配导航原理

地图匹配基本原理是利用数字地图数据库中的准确数据,实时修正车辆通过其他定位方式(DR)得到的位置信息的误差。

在地图匹配过程中首先要明确车辆行驶在哪一条道路上。如图 2.1.3(a) 所示。计算 DR 定位点与某一区域内各道路间的距离 r_i 及车辆行驶方向与道路间的夹角 θ_i。选出 r_i 小于某一给定阈值的所有道路,并根据式 $\lambda_i = a_r r_i + a_\theta \theta_i$ 计算各候选道路的代价值,其中 a_r 和 a_θ 为距离和方向夹角的权值。在所有候选道路的中选取代价值 λ_i 最小的作为匹配道路,即认为车辆在该道路上行驶。

在图 2.1.3(a) 中,P 点为待匹配点(DR 定位点),L_1,L_2 表示定位点附近的道路,经过计算

代价值 λ_1 和 λ_2 后,确定可选择 L_1 作为匹配道路。

　　在图 2.1.3(b) 中,在交叉路口拐弯 S 处,车辆行进角度的变化值为 θ,原行驶道路 L_0 的 3 条连续道路 L_1,L_2,L_3 与 L_0 之间的夹角分别 $\theta_1,\theta_2,\theta_3$,将 θ 与 $\theta_1,\theta_2,\theta_3$ 进行比较,最后选定 L_2 作为匹配道路。

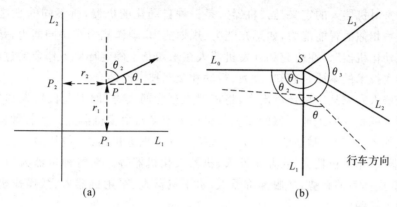

图 2.1.3　地图匹配原理示意图

3.多种传感器信息融合

　　多种传感器的信息采用信息融合(information fusion)技术进行处理(见图 2.1.4)。激光惯组、里程计和高程计组成一组定位传感器,其数据进行预处理后输入到航位推算(DR)单元,采用推广卡尔曼滤波器进行滤波处理;卫星接收机作为一组定位传感器,其数据进行预处理后输入到卫星定位单元,采用标准卡尔曼滤波器进行滤波处理;处理后的数据采用联合卡尔曼滤波器进行融合;利用精确的电子地图道路(具有网络拓扑特性)和卫星/DR 融合后定位轨迹的相似性进行地图匹配,将得到的最优解与地标解算值进行信息融合,得到最终最优解反馈给 DR 单元,从而实时修正自主导航系统的传感器参数,解决传感器参数的漂移和误差积累问题,提高系统的性能。

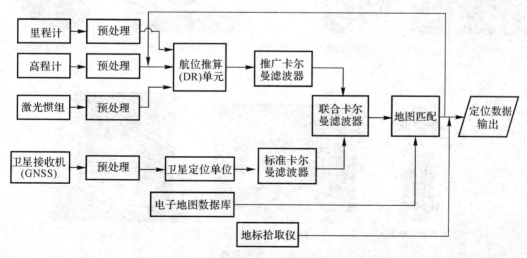

图 2.1.4　惯性/地图/卫星信息融合定位原理框图

2.1.2 机器人

机器人(robot)是靠自身动力和控制能力来实现各种功能的一种机器。联合国标准化组织采纳了美国机器人协会给机器人下的定义:"一种可编程和多功能的操作机;或是为了执行不同的任务而具有可用电脑改变和可编程动作的专门系统"。

中国科学家对机器人的定义是:"机器人是一种自动化的机器,所不同的是这种机器具备一些与人或生物相似的智能能力,如感知能力、规划能力、动作能力和协同能力,是一种具有高度灵活性的自动化机器"。在研究和开发机器人在未知及不确定环境下作业的过程中,人们逐步认识到机器人技术的本质是感知、决策、行动和交互技术的结合。

中国的机器人专家从应用环境出发,将机器人分为两大类,即工业机器人和特种机器人。所谓工业机器人就是面向工业领域的多关节机械手或多自由度机器人。而特种机器人则是除工业机器人之外的、用于非制造业并服务于人类的各种先进机器人,包括服务机器人、水下机器人、娱乐机器人、军用机器人、农业机器人、机器人化机器等。在特种机器人中,有些分支发展很快,有独立成体系的趋势,如服务机器人、水下机器人、军用机器人、微操作机器人等。几种常见的机器人见图 2.1.5。

目前,国际上的机器人学者,从应用环境出发将机器人也分为两类:制造环境下的工业机器人和非制造环境下的服务与仿人型机器人。这和中国的分类是一致的。

机器人的能力通常包括智能、机能和物理能。智能,指感觉和感知,包括记忆、运算、比较、鉴别、判断、决策、学习和逻辑推理等;机能,指变通性、通用性或空间占有性;物理能,指力、速度、可靠性、联用性和寿命等。因此,可以说机器人就是具有生物功能的实际空间运行工具,可以代替人类完成一些危险或难以进行的劳作、任务等。

月球车

排爆机器人

特种作业机器人

独足机器人

人形教学机器人

翻译机器人

仿人机器人

图 2.1.5 几种机器人

机器人一般由执行机构、驱动装置、检测装置、控制系统和复杂机械等组成。执行机构即机器人本体，其臂部一般采用空间开链连杆机构，其中的运动副（转动副或移动副）常称为关节，关节个数通常即为机器人的自由度数。根据关节配置形式和运动坐标形式的不同，机器人执行机构可分为直角坐标式、圆柱坐标式、极坐标式和关节坐标式等类型。出于拟人化的考虑，常将机器人本体的有关部位分别称为基座、腰部、臂部、腕部、手部（夹持器或末端执行器）和行走部（对于移动机器人）等。驱动装置是驱使执行机构运动的机构，按照控制系统发出的指令信号，借助于动力元件使机器人进行动作。它输入的是电信号，输出的是线、角位移量。机器人使用的驱动装置主要是电力驱动装置，如步进电机、伺服电机等，此外也可采用液压、气动等驱动装置。检测装置的作用是实时检测机器人的运动及工作情况，根据需要反馈给控制系统，与设定信息进行比较后，对执行机构进行调整，以保证机器人的动作符合预定的要求。作为检测装置的传感器大致可以分为两类：一类是内部信息传感器，用于检测机器人各部分的内部状况，如各关节的位置、速度、加速度等，并将所测得的信息作为反馈信号送至控制器，形成闭环控制。一类是外部信息传感器，用于获取有关机器人的作业对象及外界环境等方面的信息，以使机器人的动作能适应外界情况的变化，使之达到更高层次的自动化，甚至使机器人具有某种"感觉"，向智能化发展，例如视觉、听觉等外部传感器给出工作对象、工作环境的有关信息，利用这些信息构成一个大的反馈回路，从而将大大提高机器人的工作精度。控制系统有两种方式：一种是集中式控制，即机器人的全部控制由一台微型计算机完成。另一种是分散（级）式控制，即采用多台微机来分担机器人的控制，如当采用主、从两级微机共同完成机器人的控制时，主机常用于负责系统的管理、通信、运动学和动力学计算，并向从机发送指令信息；各关节分别对应一个 CPU，作为从机进行插补运算和伺服控制处理，实现给定的运动，并向主机反馈信息。根据作业任务要求的不同，机器人的控制方式又可分为点位控制、连续轨迹控制和力（力矩）控制。

机器人所采用的导航是指移动机器人通过传感器感知环境信息和自身状态，实现在有障碍的环境中面向目标的自主运动。导航主要解决如下问题：通过移动机器人的传感器系统获取环境信息；采用特定算法对所获信息进行处理并构建环境地图；根据地图实现移动机器人的路径规划及运动控制。移动机器人较成熟的导航方式包括磁导航、惯性导航、路标导航、视觉导航等几种。

惯性导航采用陀螺仪检测移动机器人的方位角并根据从某一参考点出发测定的行驶距离来确定当前位置，通过与已知的地图路线进行比较来控制移动机器人的运动方向和距离，从而实现自主导航。陀螺仪对于移动机器人非常重要，可以用其来补偿里程计产生的位置误差。惯性导航系统的优点是不需要外部参考，但是随时间的漂移，经积分后，任一小的常数误差就会无限增长，所以惯性传感器对于长时间的精确定位是不适宜的。

路标导航中的路标就是移动机器人从其传感器输入信息中所能识别出的特殊景物。路标本身具有固定和已知的位置，可以是几何形状，如线段、圆或矩形等，也可以包含一些附加信息。根据路标的不同，可分为人工路标导航和自然路标导航。人工路标导航是通过事先安装在环境中的专门用于机器人导航设计的标记实现导航，这种方法比较容易实现，价格便宜，且能够提供额外信息，如模式或形状等，但它人为地改变了机器人的工作环境。自然路标导航是机器人通过对工作环境中自然特征的识别实现导航，该方法灵活且不改变工作环境。路标要经过认真的选择并易于识别，而且必须将其特征存入移动机器人的内存中，这样才能够利用其实现导航。

计算机视觉(机器视觉)具有信息量丰富,智能化水平高等优点,近年来广泛应用于移动机器人的自主导航。视觉导航主要完成障碍物、路标的探测及识别。视觉导航方式具有信号探测范围广,获取信息完整等优点,是移动机器人导航的一个主要发展方向。目前国内外主要采用在移动机器人上安装车载摄像机的基于局部视觉的导航方式,如利用车载摄像机和较少的传感器通过识别路标进行导航,利用车载摄像机和超声波传感器研究基于视觉导航系统中的避碰问题等。视觉导航中边缘锐化、特征提取等图像处理方法计算量大且实时性较差,解决该问题的关键在于设计一种快速的图像处理方法或采取组合导航方式。

随着人们对机器人技术智能化本质认识的加深,机器人技术开始源源不断地向人类活动的各个领域渗透。结合这些领域的应用特点,人们发展了各式各样的具有感知、决策、行动和交互能力的特种机器人和各种智能机器,如移动机器人、微机器人、水下机器人、医疗机器人、军用机器人、空中空间机器人、娱乐机器人等。

排爆机器人是排爆人员用于处置或销毁爆炸可疑物的专用器材,避免不必要的人员伤亡。它可用于多种复杂地形进行排爆。排爆机器人不仅可以排除炸弹,利用它的侦察传感器还可监视犯罪分子的活动。监视人员可以在远处对犯罪分子昼夜进行观察,监听他们的谈话,不必暴露自己就可对情况了如指掌。还可以配备散弹枪对犯罪分子进行攻击;可配备探测器材检查危险场所及危险物品。

按操控方式划分,排爆机器人分为两种:一种是远程操控型机器人,在可视条件下进行人为排爆,也就是人是司令,排爆机器人是命令执行者;另一种是自动型排爆机器人,先把程序编入磁盘,再将磁盘插入机器人身体里,让机器人能分辨出什么是危险物品,以便排除险情。由于成本较高,所以很少用,一般是在很危急的时候才肯使用。

按行进方式划分,排爆物机器人分为轮式及履带式。它们一般体积不大,转向灵活,便于在狭窄的地方工作,操作人员可以在数百米到数公里以外通过无线电或光缆控制其活动。机器人车上一般装有多台彩色 CCD 摄像机用来对爆炸物进行观察;一个多自由度机械手,用它的手爪或夹钳可将爆炸物的引信或雷管拧下来,并把爆炸物运走;车上还装有猎枪,利用激光指示器瞄准后,它可把爆炸物的定时装置及引爆装置击毁;有的机器人还装有高压水枪,可以切割爆炸物。

一般排爆机器人由机器人本体和远程控制端组成,其基本结构组成框图见图 2.1.6。机器人本体结构主要由移动平台、武器平台、机械手 3 个部分组成。移动平台作为整个排爆机器人功能实现的载体,可分别搭载机械手执行爆炸物排除任务,或搭载武器平台执行作战任务。控制端部分由人工进行监控和执行相应的操作。对于机械臂的人工遥控,除了能实现各关节的独立控制,还应能够联动控制,以实现排爆操作时的灵活控制性。

机器人本体与控制端通过加密的无线数据链路通信,实现可靠的双向数据交流,并可通过网络系统实现网络化控制以及多机器人协调的功能。

排爆移动机器人的导航方式可分为基于环境信息的地图模型匹配导航,基于各种导航信号的路标(landmark)导航、视觉导航和味觉导航等。

环境地图模型匹配(map matching)导航是机器人通过自身的各种传感器,探测周围环境,利用感知到的局部环境信息进行局部地图构造,并与其内部事先存储的完整地图进行匹配,如两模型相互匹配,机器人可确定自身的位置,并根据预先规划的一条全局路线,采用路径跟踪和避障技术,实现导航。它涉及环境地图模型建造和模型匹配两大问题。

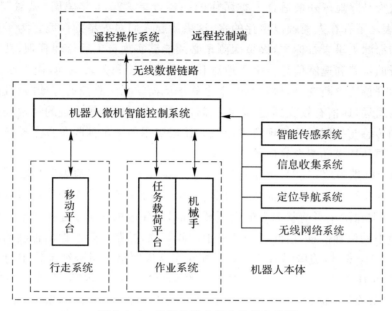

图 2.1.6　排爆机器人基本结构组成图

　　路标导航是事先将环境中的一些特殊景物作为路标,机器人在知道这些路标在环境中的坐标、形状等特征的前提下,通过对路标的探测来确定自身的位置。根据路标的不同,可分为人工路标导航和自然路标导航,前者通过对人为放置的特殊标志的识别实现导航,后者是机器人通过对工作环境中的自然特征的识别完成导航。

　　与非视觉类传感器相比,视觉传感器具有无噪声、无有害影响、信息量大等特点。在实际应用中,只需在路面上画出路径引导线,机器人就可以通过视觉导航系统探测路标来控制自身行走。相对于在环境中埋设导线、磁条,安装发光带等方法而言,这种方法进一步增强了系统的灵活性,降低了成本。

　　味觉导航是通过机器人配备的化学传感器感知气味的浓度,根据气味的浓度和气流的方向来控制机器人的运动,由于气味传感器对灵敏度高、响应速度快以及鲁棒性好等要求难以达到,该项技术很少应用到实际环境中,仍处于试验研究阶段。还有一种比较常用的方法是预先铺设导轨,这种技术相对简单,也容易实现,但有工作环境不能随意变更、任务不能变更、缺少灵活性等局限性。

　　对不同任务和特殊环境的适应性,也是机器人与一般自动化装备的重要区别。这些机器人从外观上已远远脱离了最初仿人型机器人和工业机器人所具有的形状,更加符合各种不同应用领域的特殊要求,其功能和智能程度也大大增强,从而为机器人技术开辟出更加广阔的发展空间。

　　科学家指出:"机器人学的进步和应用是 20 世纪自动控制最有说服力的成就,是当代最高意义上的自动化"。机器人技术综合了多学科的发展成果,代表了高技术的发展前沿,它在人类生活应用领域的不断扩大正引起国际上对机器人技术的作用和影响的重新认识。

2.1.3 火星探险车

火星被认为是除地球外最适合人类居住的一颗行星。2011年美国"凤凰"号火星探测器证实,火星地表之下存在人类赖以生存的水,这更激起人们对火星的探究。为了得到更为丰富的科学数据和探测火星岩石标本,火星探测车必须能够实现自主运行和管理,其中关键技术之一是获取自身的位置和速度信息。由于地球和火星的自转和公转运动,使得地面站和探险车之间的相对地理位置不断变化,探险车经常会处于地面站无法测控的区域内,且由于地球和火星之间的距离遥远,通信有较大延迟,会给控制造成极大不便。较先进的技术是火星探险车利用自身携带的传感与控制系统实现自主导航。比较实用的火星探险车自主导航方法有视觉导航、天文导航、惯性导航和组合导航等。

2003年6月,携带"勇气"号火星探险车的美国"火星探测流浪者"号探测器升空,次年1月"勇气"号火星探险车在火星表面成功着陆。"勇气"号火星探险车利用多对立体视觉导航相机采集图像,获取探险车当前状态下的周围环境信息,并运用三维重建技术确定环境对象和探险车在该环境中的位置信息,由此识别环境中的障碍物,控制探险车做出正确的反应。

2011年11月26日,美国"好奇"号火星探险车从佛罗里达州卡纳维拉尔角空军基地发射升空。2012年8月6日,"好奇"号火星探险车登陆火星,在"盖尔"陨石坑内中心山丘的一处山脚下着陆。"好奇"号重达850kg,其基本尺寸为3m长,2.7m宽,2.1m高。如图2.1.7所示。

图 2.1.7 "好奇"号火星探险车

"好奇"号火星探险车由核燃料钚提供动力,在平地上最快速度为4cm/s,每天可运行200m,越障高度可达60cm。"好奇"火星探险车配备有不同类型的导航传感器,包括立体视觉相机、惯性测量单元、里程仪和太阳敏感器,用于探险车自主导航、障碍检测和路径规划。此外,在美国航空航天局公布的未来火星探测计划中,还将对火星探测器自主导航技术进行更为深入的研究。

2.2 空间自主航行器

人们将空间分为4层:①距地面20km以内、大气层内的空间,该区域适宜飞机等飞行器飞行,称为航空区;②距地面20~100km的空间,该区域内大气极为稀薄,属目前尚未很好开发利用的空间,称为临近空间,目前世界各国正在投入大量的人力、物力、财力开发利用该区域,如各国正在争相研发的高超声速飞行器就飞行在该区域;③100km以上、太阳系内的空间称为太空,目前各类人造卫星均在该空间飞行;④太阳系之外的空间称为外太空或深空,火星探测器就属于这类飞行器。目前,人造的空间自主航行器主要包括无人飞机、导弹、高超声速巡航导弹、人造卫星、深空探测器等。

2.2.1　无人飞机

所谓无人飞机(Unmanned Aerial Vehicle,UAV)就是无人驾驶的飞机(简称无人机),只是这类飞机借助惯性、卫星和无线电等机载自主导航、控制设备,将人的起飞、降落、飞行控制职能由导航设备、数据链路和航空电子设备替代,实现无人驾驶飞行。

在国民经济领域,无人机已经被广泛应用于大地勘探、资源普查、森林防火、人工造林、灾害救援等方面。在军事领域,无人机已经被广泛应用于情报侦察、监视、反潜、电子干扰、打击效果评估、战区即时通信与指控数据链路快速构建,甚至被直接用于攻击作战等方面。常见军用无人机见图 2.2.1。

现代战争已是空地海天电一体的立体战争,其技术之先进、杀伤力之强和危险性之大,都是前所未有的。与载人飞机相比,无人机具有造价低、体积小、重量轻、机动性好、对作战环境要求低、战场生存能力强、飞行时间长和便于隐蔽等特点,尤其是因其无人驾驶,特别适合于执行危险性大的任务。无人机与孕育中的无人驾驶坦克、机器人士兵、计算机病毒武器、天基武器、激光武器等一道,将成为 21 世纪陆战、海战、空战、天战舞台上的重要角色,对未来的军事斗争将造成较为深远的影响。一些专家甚至预言:"未来的空战,将是具有隐身特性的无人驾驶飞行器与防空武器之间的作战。"

无人机以其准确、高效和灵便的侦察、干扰、欺骗、搜索、校射及在非正规条件下作战等多种作战能力,揭开了以远距离攻击型智能化武器、信息化武器为主导的"非接触性战争"的新篇章。1982 年的贝卡谷地之战和 1991 年的海湾战争中,无人机在侦察监视、干扰敌方雷达通信系统和引导己方进攻武器等方面,都发挥了极其重要的作用。

图 2.2.1　军用无人机图片

无人机系统包括地面系统、飞机系统、任务载荷和无人机的使用保障人员。地面部分包括地面辅助设备、地面监控分系统、起飞/着陆系统地面部分、遥控遥测系统地面部分等;飞机系统包括飞行器平台、推进系统、飞行控制系统、导航系统、起飞/着陆系统机载部分、遥控遥测系统机载部分等;任务载荷即无人机携带的任务设备。

无人机的飞速发展,使得现代无人机的种类繁多、型号各异,分类标准也不尽相同。

按大小和质量分类,可分为大型、中型、小型和微型无人机。起飞质量在 500kg 以上的为大型无人机,200～500kg 的称为中型无人机。小型无人机则是全机质量小于 200kg,最大尺寸在 3～5m 范围,活动半径在 150～350km 范围的无人机。这类无人机适用于陆军的军、师级和海军陆战队的旅级部队进行战场侦察监视、目标搜索与定位以及战果评估等。

按航程分类,可分为近程、短程和中程无人机等。近程无人机一般指在低空工作,任务载荷不到 5kg,飞行范围为 5～50km,活动在前线距对方 30km 范围内的无人机,所需要的巡航时间根据任务不同为 1～6h 不等,地面站可由人工携带或者装载在高度机动的多用途轮式车辆。短程无人机要求能在 150km 的范围内活动,最好能达到 300km,续航时间为 8～12h。中程无人机是一种活动半径在 700～1 000km 范围内的无人机。它可以实施可见光照相侦察、红外线和电视摄像侦察,能实时传输图像。事实上,由于无人机的发展,"近程"和"短程"的概念现在正逐渐变得模糊。

按飞行方式分类,可分为固定翼无人机、旋翼无人机、扑翼无人机、飞艇等。其中的新概念是"扑翼无人机",它是像昆虫和鸟一样通过拍打、扑动机翼来产生升力以进行飞行的一种飞行器,适合于微型飞行器。

按用途分类,可分为无人侦察机、电子战无人机、靶机、反辐射无人机、对地攻击无人机、通信中继无人机、火炮校射无人机、特种无人机、诱饵无人机等。

无人机导航,顾名思义就是引导无人机航行,即正确地引导无人机沿着预定的航线,以要求的精度,在指定的时间内将其引导至目的地。要使无人机成功完成预定的航行任务,除了起始点和目标的位置之外,还必须知道无人机的实时位置、航行速度、航向等参数。这些参数通常称为导航参数。其中最主要的就是实时位置,只有确定了实时位置才能考虑怎样到达下一个目的地,所以导航对于无人机飞行是极为重要的。

早期的无人机导航系统主要依靠无线电遥控或向其输入程序指令实现自主导航飞行。早期的无人机导航采用无线电极坐标设备(如塔康、伏尔)测量斜距、方位角和高低角来定位,由无线电遥测设备测量无人机绕三个轴的姿态来定姿,这种方式属于典型的非自主导航。考虑到在很多情况下,需要无人机长期在可控空域外高空飞行,且可能处于高对抗的复杂电磁环境中,因此,非自主式导航很难适应这些要求,发展不需依赖气象条件、可昼夜自主工作、具备低截获概率的自主式导航系统已成为无人机发展运用的必然趋势和要求。

目前,被研究的自主导航方法有惯性导航、卫星导航、组合导航、地形辅助导航、多普勒导航、天文导航、地磁导航、偏振光导航等。比较成熟的自主导航技术主要是惯性导航、卫星导航、组合导航、多普勒导航、地形辅助导航等。

2.2.2 导弹

导弹本质上是一种具有自主导航制导与控制能力、携带战斗部的武器。导弹武器系统包括导弹发射设备和导弹,导弹通常包括战斗部(俗称弹头)和运载体(即运载火箭)两部分。运载火箭通常包括导航制导与控制系统、电源配电系统、动力系统三大系统。导航制导与控制系统包括导航设备、姿态控制系统、制导系统。导航设备包括惯性测量设备、卫星导航设备、星光制导设备、地形匹配制导设备、景象匹配制导设备等,以及雷达制导、激光制导、红外制导、电视制导、可见光制导等寻的制导设备。导航设备确定导弹当前飞行的位置、姿态与航向等信息,以及与目标航线和目标的偏差信息。姿态控制系统控制导弹的飞行姿态误差,并将该误差控制在一定的范围内。制导系统控制导弹落点的纵向偏差和横向偏差,并将该误差控制在一定的范围内。

按携带弹头的种类不同,导弹可分为(战略)核导弹和(战术)常规导弹(整体杀伤爆破、穿甲、侵爆燃、子母弹、多头分导);按导弹发射地点的不同,导弹可分为地基(地地、地空、地舰、地天)、空基(空空、空地、空舰)、海基、天基导弹;按发射方式的不同,导弹可分为固定阵地发射、机动发射或冷发射、热发射导弹;按打击目标的种类不同,导弹可分为地地导弹,反潜、反舰、反航母导弹,反导、反卫星导弹,反辐射导弹,反飞机/无人机导弹;按导弹推进剂种类的不同,导弹可分为固体导弹、液体导弹。图 2.2.2 为美国和俄罗斯两种在役的典型战略导弹。

(a)   (b)

图 2.2.2 美国/俄罗斯的典型地地弹道战略导弹

(a)美国民兵-Ⅲ; (b)俄罗斯白杨-M

2.2.3 高超声速飞行器

吸气式高超声速飞行器(Airbreathing Hypersonic Vehicle,AHV),简称高超声速飞行器,一般是指飞行马赫数不小于 $5(Ma \geqslant 5)$,且以吸气式超燃冲压发动机为动力的飞行器,通常包括高超声速巡航飞行器、水平起降航天运载器、入轨和再入大气层飞行器以及航天轨道加速传输飞行器等,见图 2.2.3。高超声速飞行器以速度快、航程远、性能超卓等独特优势被军事专家称为继螺旋桨、喷气推进器之后人类航空史上的第三次革命性成果,必将对人类社会发展和未来战争产生巨大影响。高超声速飞行技术已成为衡量一个国家空间技术先进程度的标志,被称为人类航空史上继飞机发明、突破声障飞行后第三个划时代的里程碑。

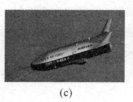

(a)   (b)   (c)   (d)

图 2.2.3 几类高超声速飞行器

(a)巡航飞行器; (b)水平起降航天运载器; (c)再入飞行器; (d)航天轨道加速传输飞行器

以快速性、高机动性、远距离精确打击能力为主要技术特征的高超声速飞行器已成为 21 世纪世界航空航天事业的主要发展方向,在未来世界的军事、政治和经济中将发挥重要的战略作用。与传统飞行器相比,高超声速飞行器具有极大的优势,可以有效地减少防御响应时间,增强突防和反防御能力,提高飞行器生存能力。发展高超声速飞行器在军用和开发太空方面的应用,对于保护国家领土安全具有十分重要的战略意义。国际上目前对于高超声速的研究重点主要集中在具有重要军用价值的高超声速巡航导弹上。高超声速巡航导弹具有速度快、射程远、突防能力强、攻击目标范围广、命中目标概率大等优点,尤其在攻击时间敏感目标、加固目标等方面具有明显优势。它的研究成果将大幅度拉开先进国家与其他国家之间的军事技术差距。当前,甚至有学者认为,在当今世界核武器阴云笼罩下,高超声速武器必将成为未来战争中抢占制高点的杀手锏。

高超声速技术的发展始于 20 世纪 50 年代提出的高超声速燃烧概念。经过几十年的发展,美国、俄罗斯、法国、德国、英国、日本和印度等国自 20 世纪 90 年代以来已在高超声速技术方面陆续取得了重大进展,并相继开展了多项地面试验和飞行试验。目前,高超声速技术已经从早期的概念和原理探索阶段进入到以高超声速巡航导弹、高超声速飞机和空天飞机等为应用背景的先期技术开发阶段和工程研制阶段。

美国从 20 世纪 60 年代开始,就有计划地开展了高超声速飞行器的研究工作。早在 1967 年 10 月,美国宇航局研制的以火箭发动机为动力的 X - 15 验证机就创下了马赫数为 6.7 的飞行纪录,但是后来由于经费缺乏以及当时技术的局限性被迫取消了该计划。70 年代中期到 80 年代中期,美国对高超声速技术的研究处于小规模状态。1986 年,美国提出国家空天飞机计划(NASP),目标是发展 X - 30 试验型单级入轨空天飞机及其所需的氢燃料超燃冲压发动机和高温材料等多项技术。后来,由于该项目耗资巨大且在关键技术上无法突破而最终放弃,1995 年 NASP 计划下马。但是,在 NASP 计划执行期间通过大量的试验研究,美国掌握了马赫数小于 8 的超燃冲压发动机设计技术,建立了丰富的数据库,为实际飞行器的工程设计奠定了坚实的技术基础。在此基础上,美国于 1996 年开始调整高超声速技术的研究目标,在发展和应用高超声速技术方面采取了更为稳妥的循序渐进策略,选择以巡航导弹为突破口,提出了更为现实的全方位高超声速武器和先进航天器研制计划。

自 20 世纪 90 年代中期至今,美国多个武器研发部门之间通过相互合作提出了一系列的高超声速发展计划,其中包括 1996 年美国空军研究实验室(AFRL)、美国国防高级研究计划局(DARPA)和 NASA 共同推出的 HyTech 计划,2001 年 DARPA 和美国海军研究办公室(ONR)联合出资实施的 HyFly 高超声速导弹验证项目,DARPA 与美国空军于 2003 开始的 FALCON 计划,以及 NASA 重点实施的 Hyper - X 计划等。在这些计划项目中,多个高超声速试验飞行器已经取得成功,例如 2004 年试飞成功的 X - 43A,2010 年首飞成功的 X - 51A 以及 2010 年完成首飞的验证器 HTV - 2。上述多个验证机的成功飞行试验是美国近 50 年来高超声速技术研究成果的综合应用,说明美国高超声速飞行器的多项关键技术趋于成熟,标志着高超声速飞行器研制正式从实验室研究阶段走向工程研制阶段。美国典型高超声速飞行器见图 2.2.4。

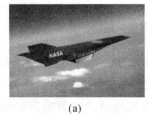   

(a)　　　　　　　　(b)　　　　　　　　(c)　　　　　　　　(d)

图 2.2.4　美国典型高超声速飞行器

(a)X - 43A；　(b)X - 43C；　(c)X - 51A；　(d)HTV - 2

　　苏联/俄罗斯的高超声速技术处于世界领先地位。由于在超声速巡航飞行器和冲压发动机方面占有较大优势，苏联早在 1957 年就率先开展了超燃冲压发动机的研究，并于 1991 年首次进行了高超声速飞行试验。虽然苏联的解体严重影响了俄罗斯许多先进技术的研发，但由于中央空气流体动力研究院、巴拉诺夫中央航空发动机研究院、图拉耶夫联盟设计局、彩虹设计局和莫斯科航空学院等单位长期致力于高超声速技术基础理论研究，俄罗斯在超燃冲压发动机、耐高温材料、一体化设计技术等方面仍取得了一系列的重大突破。近些年来，俄罗斯先后实施了多项高超声速计划，如"冷"计划、"彩虹"计划、"针"计划和"鹰"计划等。目前，俄罗斯高超声速技术已进入飞行验证阶段，正在研究更工程化的飞行器布局。此外，俄罗斯还积极与美国、法国、德国以及印度等国开展合作，加快其高超声速技术的研究和发展。图 2.2.5 为俄罗斯研发的几种高超声速飞行器。

  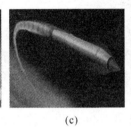 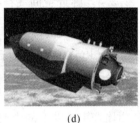

(a)　　　　　　　　(b)　　　　　　　　(c)　　　　　　　　(d)

图 2.2.5　俄罗斯高超声速飞行器

　　除美国和俄罗斯外，其他科技强国也在积极推进高超声速技术的研发计划，而且大部分计划集中在发展高超声速导弹技术上。法国是欧洲最早发展高超声速技术的国家，并在超燃冲压发动机技术领域中取得重大进展。自 20 世纪 60 年代以来，法国从未间断过高超声速技术研究。60 年代至 70 年代完成了 ESOPE 研究计划，1992 年又开始实施 PREPHA 研究计划，并与俄罗斯合作进行了超燃冲压发动机火箭搭载的飞行试验。1997 年开始开展了为期 4 年的德法联合研究计划，开发性能更先进的、$Ma=2\sim12$ 的双模态冲压发动机。目前还在进行的计划有 Promethee 导弹计划和 LEA 计划等。德国正重点发展高超声速防空导弹，2002 年进行了一次低空飞行试验，飞行速度达到了马赫数为 6.5。此外，德国还在研制 Shefex 系列高超声速试验飞行器，见图 2.2.6。其中，Shefex-1 飞行器已经于 2005 年 10 月试飞成功，Shefex-2 于 2011 年 3 月进行首次大气层返回试验。英国从 20 世纪 60 年代就开始了高超声速问题的研究，但由于研究重点放在昂贵而风险巨大的大型载人飞行器上，因而长期没有取得重大进展。近年来，英国的高超声速研究计划进行了重大调整，目前正在实施 HyShot 和 Shyfe 两项计划。早在 20 世纪 70 年代，日本在一些大学就开始了超声速燃烧基础研究。90 年代初，日本国家宇航实验室建立了较大规模的自由射流试验系统，同时也对超燃发动机部件、结构、材料和机身/发动机一体化等进行了深入研究。日本 2007 年开始进行预冷氢燃料涡轮喷气发动机马赫数为 2 的飞行试验，计划 2015 年以前完成马赫数为 5 的飞行试验。印度正在实施多项高超声速研究计划，其中包括印度国防研究与发展局正在开发的高超声速技术验证器和布拉莫斯-2 高超声速巡航导弹（见图 2.2.7）以及高超声速飞机计划。

　　我国的高超声速技术研究始于 20 世纪 80 年代后期，90 年代以后，超燃冲压发动机得到高度重视，建立了一批基础试验设备。在 2002 年下半年，"空天安全若干重大基础问题"课题获批立项，国家成立了以"可重复使用天地往返运输系统技术"为主题的研究小组，2007 年国家自然科学基金委发布了"近空间飞行器的关键基础科学问题"重大研究计划。目前,我国在高超声速发动机、高超声速飞行器总体概念、机体/推进一体化设计、结构强度、制导和控制领域等理论和工程领域均已取得可喜的研究进展。

图 2.2.6　德国 Shefex 高超声速飞行器

图 2.2.7　印度布拉莫斯-2 高超声速巡航导弹

2.2.4　临近空间飞行器

临近空间(near space)是近年来才出现的一个新概念,它首先由美军提出,一般是指距地面 20～100km 的空域,处于现有飞机的最高飞行高度和卫星的最低轨道高度之间,也可称为"近空间""亚轨道"或"空天过渡区",大致包括大气平流层区域、中间大气层区域和部分电离层区域。

相比 20km 以下的天空和 100km 以上的太空,目前的临近空间显得分外"冷清"。长期以来,因上有卫星、下有飞机,20～100km 的临近空间成了一个相对独立的"和平地带",各国军队均未给予太多重视。但近年来,以美军为代表的西方发达国家军队仿佛一夜之间突然发现了这块既不属于航空范畴也不属于航天范畴的"新大陆",并强烈认为,临近空间可以作为一个新的作战空间来填补航空和航天空间之间的空白,在未来电子战、信息战领域发挥巨大的军事应用潜力。

按其成分、温度、密度等物理性质在垂直方向上的变化,世界气象组织把大气分为 5 层,自下而上依次是对流层(8～18km)、平流层(18～55km)、中间层(55～85km)、增温层(85～800km)和散逸层(800～3 000km)。此外,还可以按大气的化学成分和大气被电离的状态来对大气进行划分。按化学成分,大气可分为均质层(90km 以下)和非均质层(90km 以上);按被电离的状态,大气可分为非电离层(60km 以下)和电离层(60～1 000km)。从以上不同的大气分层情况来看,临近空间跨越大气平流层区域、中间层区域和部分增温层区域;跨电离层和非电离层,绝大部分处于均质层中。

图 2.2.8　临近空间及其飞行器

临近空间飞行器是指工作于临近空间并利用临近空间独有资源和特点来执行一定任务的一类飞行器。美军认为,临近空间飞行器可以包括临近空间飞艇、充氦气的高空自由浮动气球、平流层高空长航时无人机、远距离遥控滑翔飞行器等多种形式,如图 2.2.9～图 2.2.14 所示。

临近空间飞行器可以有多种分类方法。按飞行速度,可分为高速和低速临近空间飞行器;按充气压力,可分为零压力和高压力临近空间飞行器;按推进方式,可分为自由浮空和机动飞行临近空间飞行器;按结构,可分为硬式、半硬式和软式临近空间飞行器。现在一般采用软式结构,它通过气囊中氦气的压力来保持外形等等。临近空间示意图及几种临近空间飞行器见图 2.2.8～图 2.2.14。

图 2.2.9　"秃鹫"临近空间超高航时无人飞行器

图 2.2.10　美国 X-37B 轨道飞行器

图 2.2.11　对抗太空战机 X-37B 的俄制新飞船

图 2.2.12　美国洛马公司 HAA 临近空间飞艇

图 2.2.13　美国"海象"平流层运输飞艇

图 2.2.14　美国正研发的 HARV 临近空间飞艇

临近空间飞行器具有下述基本优点。

1)战场生存能力强。

2)空中滞留时间长、持续作用久、载荷大。临近空间飞行器可同时容纳巨型望远镜、合成孔径雷达和其他情报搜集系统,大大超过卫星。

3)飞行安全、系统成本较低、效费比较高。临近空间飞行器依靠浮力原理升空,不像卫星升空那样需要进行昂贵而又充满风险的火箭发射。

4)作战响应快速、信号传递及时,相比卫星,临近空间飞行器悬停在较低高度上。在信号传输上基本无延迟。

5)探测距离远、监视范围宽、分辨率高、灵敏度好、针对性强。

6)可长时间定点悬浮,不存在卫星和飞机掠过作用区后的间歇问题。

7)基本不存在电离层中断通信信号的问题。

8)隐蔽性好,不易被雷达发现。多普勒雷达基本无法探测到定点悬浮的临近空间飞行器,雷达反射截面积小。

9)军事用途多。

当然,临近空间飞行器也存在某些弱点,如在充气、升降、回收和放气过程中会受到风与湍流等的影响,再如可能存在飞越权问题,卫星可以自由飞越一切国家和地区的上空,不存在越境或侵犯领空等问题,而临近空间目前在国际上仍属一个灰色地带,尚未提及归属问题,但一些国家已对其有比较明确的归属界定,如美国空军即认为临近空间是美国领空的一部分,任何其他国家的临近空间飞行器未经许可不得飞临、飞越。

2.2.5 人造卫星

卫星,是指在宇宙中所有围绕行星轨道上运行的天体。环绕哪一颗行星运转,就把它叫作那一颗行星的卫星,比如,月亮环绕着地球旋转,就把月亮叫作地球的卫星。"人造卫星"就是"人工制造的卫星"(artificial satellite,manmade satellite),科学家用火箭把它发射到预定的轨道,使它环绕着地球或其他行星运转。$v_1 = 7.9 \text{km/s}$ 是卫星环绕地球做匀速圆周运动的最大速度,故又称为环绕速度(第一宇宙速度),它也是在地球表面上发射卫星的最小发射速度;$v_2 = 11.2 \text{km/s}$ 是卫星脱离地球引力束缚而不再绕地球运动的最小发射速度,又称为脱离速度(第二宇宙速度);$v_3 = 16.7 \text{km/s}$ 是卫星能脱离太阳束缚,飞到太阳系以外空间的最小发射速度,又称为逃逸速度(第三宇宙速度)。1957年10月4日苏联发射了世界上第一颗人造卫星。之后,美国、法国、日本也相继发射了人造卫星。中国于1970年4月24日发射了自己的第一颗人造卫星"东方红一号"。图2.2.15是几种各国研制的人造地球卫星图片。

图 2.2.15 几种人造地球卫星图片

人造卫星的运行轨道(除近地轨道外)通常有3种:地球同步轨道,太阳同步轨道和极地轨道。地球同步轨道是运行周期与地球自转周期相同的顺行轨道。但其中有一种十分特殊的轨道,叫地球静止轨道。这种轨道的倾角为零,在地球赤道上空35 786km。地面上的人看来,在这条轨道上运行的卫星是静止不动的。一般通信卫星、广播卫星、气象卫星选用这种轨道比较有利。地球同步轨道有无数条,而地球静止轨道只有一条。太阳同步轨道是绕着地球自转轴,方向与地球公转方向相同,旋转角速度等于地球公转的平均角速度(360°/年)的轨道,它距地球的高度不超过6 000km。在这条轨道上运行的卫星以相同的方向经过同一纬度的当地时间是相同的。气象卫星、地球资源卫星一般采用这种轨道。极地轨道是倾角为90°的轨道,在这条轨道上运行的卫星每圈都要经过地球两极上空,可以俯视整个地球表面。气象卫星、地球资源卫星、侦察卫星、军用卫星常采用此轨道。人造地球卫星按轨道可分为低轨道卫星、中轨道卫星、高轨道卫星、地球同步轨道卫星、地球静止轨道卫星、太阳同步轨道卫星、大椭圆轨道卫星和极地轨道卫星。

从用途看,人造地球卫星包括科学卫星、应用卫星和技术试验卫星三类。科学卫星是用于科学探测和研究的卫星,主要包括空间物理探测卫星和天文卫星,用来研究高层大气、地球辐射带、地球磁层、宇宙线、太阳辐射等,并可以观测其他星体。技术试验卫星是进行新技术试验,或为应用卫星进行试验的卫星。航天技术中有很多新原理、新材料、新仪器,其能否使用,必须在天上进行试验;一种新卫星的性能如何,也只有把它发射到天上去实际"锻炼",试验成功后才能应用;人上天之前必须先进行动物试验……这些都是技术试验卫星的使命。应用卫星是直接为人类服务的卫星,它的种类最多,数量最大,其中包括通信卫星、气象卫星、侦察卫星、预警卫星、导航卫星、测地卫星、地球资源卫星、截击卫星、军用卫星等。

人造卫星通常包括结构系统、电源系统、热控制系统、姿态控制和轨道控制系统、无线电测控系统、返回着陆系统(仅返回卫星有该系统)和星上载荷等。

2.2.6　深空探测器

深空探测是对地球以外的天体开展的空间探测活动。20 世纪 50 年代末,美国、苏联竞相开展了以月球、火星为主要目标的太阳系星际探测,取得了丰硕的成果。进入 21 世纪,欧洲空间局、日本、印度都相继开展了深空探测活动。2000 年中国政府发布了《中国的航天》白皮书,提出开展以月球探测为主的深空探测活动。2007 年 10 月 24 日,我国成功发射了嫦娥 1 号月球探测卫星,实现了中华民族的千年梦想;2010 年 10 月 1 日发射的嫦娥 2 号卫星实现了精确入轨、稳定运行、有效探测,标志着我国在深空探测领域取得了突破性进展,中国的深空探测迎来了一个新纪元。目前我国正在开展月球软着陆、月面巡视勘察和采样返回的工程实施,未来还将开展以火星和金星探测为代表的太阳系行星探测活动。发展深空探测是我国矢志不渝的追求,对于推动我国的航天事业发展,引领科技创新具有十分重要的意义。

与地球轨道航天器相比,深空探测器飞行距离远、运行时间长,环境求知性较强,依赖地面导航方法对深空探测器进行导航在实时性、覆盖性、可靠性等诸多方面受到限制,难以满足深空探测对高精度实时导航的迫切需求。GPS 等卫星导航虽然精度高,但仅能应用于近地空间。为此,在深空探测过程中不与地面进行信息传输和交换的自主导航技术受到了国内外航天界的广泛关注,成为保证深空探测任务成功实施的关键技术。

(1)自主导航技术是保证深空探测器安全生存的重要方法。深空探测器飞行时间长,深空环境未知因素多且复杂,这就使得深空探测器导航、导航与控制(Guidance, Navigation and Control, GNC)系统及部件遭遇突发事件和出现故障的概率增大。此外,深空探测器与地面测控站的通信延迟大,信号还可能被太阳等天体遮挡,这使得基于地面测控站的导航与控制反应慢,不利于突发事件的处理。因此,深空探测需要发展自主导航技术,实现在地面通信完全中断的情况下仍然能够完成轨道确定和控制、姿态定向及目标跟踪等任务,增强深空探测器的自主生存能力。

(2)深空探测器自主导航技术是对已有地面测控的重要补充和备份。到目前为止,人类发射的深空探测器仍然是以地面测控为主完成的。随着在轨航天器的增多,地面测控的负担越来越重。深空探测的运行时间一般都比较长,在漫长的时间内完全依靠地面测控实现深空探测器的导航与控制,要占用大量地面站的测控资源。在这种情况下,自主导航技术是降低地面测控负担、节约深空探测成本的一种重要的技术手段。

(3)自主导航技术是深空探测某些特殊任务段的需要。对于深空探测器的接近、飞越、伴飞、着陆和撞击等任务,需要精确地获得深空探测器相对目标天体的位置、速度和姿态等信息,进行导航与控制。由于深空探测的目标天体距离地球远,特别是对于小天体而言,其形状大小、轨道参数等存在较大不确定性,因此,仅靠地面测控,无论是导航精度还是实时性都难以满足这些深空探测器的实际需要。此外,受到地球、太阳以及其他天体运行轨道的限制,深空探测器在某些时候相对地面不可观测,在这种情况下也需要依靠深空探测器自身进行自主导航。

(4)深空探测器自主导航技术也是航天科学技术发展的趋势之一。由于深空探测器相对地球卫星而言,飞行距离遥远,深空环境未知,地面支持难度大,因此,早在20世纪60年代,国外研究人员就开始对深空探测器自主导航技术进行理论研究。随着高性能星载计算机、高精度星敏感器和成像导航敏感器技术的发展,在越来越多的深空探测任务中成功应用了自主导航技术,为提高深空探测器的生存能力提供了重要保障。

目前,深空探测器的自主导航方法主要有惯性导航、天文导航、视觉导航和组合导航。其中,天文导航具有全自主、精度高、误差不随时间积累、抗干扰能力强、可提供位置和姿态信息等优点,是一种非常重要的深空探测器自主导航手段。

根据所观测天体的不同,深空探测器的自主天文导航方法大致可分为以下3类。

1. 基于太阳和行星的自主导航

利用太阳和行星进行自主导航是最为简单和成熟的天文导航方案。由于太阳和行星在任意时刻的位置都可根据星历获得,而从探测器上观测到的行星之间的夹角、行星和恒星之间的夹角以及行星视线方向等信息是探测器位置的函数。通过这些观测量,利用几何解析方法或结合轨道动力学滤波,即可获得探测器的位置、速度等导航参数。

1968年,美国发射的阿波罗8号飞船采用空间六分仪首次验证了自主天文导航技术。在随后的一系列载人登月任务中,地月转移段都利用自主天文导航作为地面导航的备份,月面着陆和上升交会段也采用了自主导航与控制技术。1982年美国研制的阿波罗导航和导航系统在用于木星飞行任务时,也是利用星体敏感器和CCD敏感器测得的行星和恒星之间的夹角进行深空探测器的天文导航和姿态确定。

基于太阳和行星的自主天文导航的优点是计算简单,易于实现,缺点是导航精度随探测器与太阳、行星之间距离的增加而降低。

2. 基于大行星卫星或小行星的自主导航

由于太阳和行星到探测器的距离相对较远,因此角度测量的微小误差就会对导航的位置误差产生极大的影响。利用探测器的转移轨道中遭遇的近距离小行星或大行星的卫星进行测量定位,可大大提高导航精度。该方法已应用于早期的水手号、旅行者号、伽利略号探测器和近期的近地小行星交会探测器深空1号、深度撞击号、星尘号和隼鸟号探测器中。

基于大行星卫星或小行星的自主导航方法的基本原理与基于太阳和行星的自主导航方法基本相同。由于该方法通常都是用于大行星卫星或小行星与探测器之间距离比较接近时,因此导航精度较高,其缺点是通常探测器与大行星卫星或小行星遭遇的时间很短,且大行星卫星与小行星的形状均不规则,高度较低,观测较困难。

3. 基于X射线脉冲星的自主导航

1974年,美国喷气推进实验室的德恩斯博士首次提出了基于射线脉冲星的行星际探测器自主轨道确定方法,该方法的定轨精度约为150km。1981年,美国通信系统研究所的切斯特和巴特曼提出利用脉冲星X射线源为探测器导航的构想。X射线集中了脉冲星绝大部分的辐射能量,更易于探测和处理。1993年,美国海军研究实验室的伍德博士提出了利用X射线源确定探测器的轨道和姿态以及利用X射线脉冲星进行时间保持的方法。目前,美国国防部国防预先研究项目局正在积极开展基于X射线源的自主导航验证计划。

基于X射线脉冲星的深空探测器自主导航的原理与GPS类似,是利用甚长基线干涉等测量手段确定脉冲星在太阳系质心坐标系中的位置矢量和 X 射线脉冲的标准到达时间,将其与深空探测器上携带的 X 射线探测器测得的脉冲星视线方向和实际到达时间相比较,采用适当的滤波算法,得到探测器的位置、速度、姿态和时间等导航信息。该方法的优点是在提供导航信息的同时,还可提供时间基准,不足之处在于目前 X 射线脉冲星的数目还比较少,且测量精度无法保证。

2.3　水下自主航行器

UUV(Unmanned Underwater Vehicle)可译为无人潜航器、无人水下航行器、无人水下运载器或自主水下航行器等。水下自主航行器是一种智能化、自主航行、可根据任务使命要求进行模块优化组合、实现多种功能的综合集成系统,涉及航行器总体、流体力学、控制、导航、信息、计算机、自动化、动力和推进、材料和传感器等多个学科和相关技术。

发展自主式水下航行器具有重大的军事和民用价值。在民用方面,自主式水下航行器可用于:①海洋资源勘察与开发、海洋环境时空变化的监测、海底地形地貌调查与勘测以及深海技术等;②水下设施检查,如水下建筑、水坝、水下管道、水下电缆等;③海洋救险和打捞。

"蛟龙号"(见图 2.3.1)是我国于 2008 年研制成功的水下载人深潜自主航行器,截至 2012 年 6 月 27 日,"蛟龙号"的最大下潜深度达到 7 062m,并在海底发现有丰富的生物多样性和地质多样性存在,实现了将中国的载人深潜纪录刷新到 7 000m 的愿望。"蛟龙号"载人潜水器的研制成功,提升了我国在深海技术领域的国际影响力。中国成为继美国、法国、俄罗斯、日本之后的第 5 个潜航器大国。在"蛟龙号"突破近底自动航行和悬停定位、高速水声通信、充油银锌蓄电池容量等三大技术后,"蛟龙号"的研究成功,具有如下开创性的意义:一是在世界上同类型中具有最大下潜深度 7 000m,这意味着该潜水器可在占世界海洋面积 99.8% 的广阔海域使用;二是具有针对作业目标稳定的悬停,这为该潜水器完成高精度作业任务提供了可靠保障;三是具有先进的水声通信和海底微貌探测能力,可以高速传输图像和语音,探测海底的小目标;四是配备有多种高性能设备,确保了载人潜水器在特殊的海洋环境或海底地质条件下能够完成保真取样和潜钻取芯等复杂任务。

图 2.3.1　"蛟龙号"水下自主航行器

20 世纪 80 年代中期以后,国外军方开始重视 UUV 的军事应用。在军事方面,利用 UUV 可以完成:①水下探测预警,快速环境评估、区域控制、水下障碍物搜索定位;实现战区侦察预警,探测战区水雷、潜艇情况,快速获取战区情报。②水下自主攻击,封锁航线、港口,探雷、猎雷和灭雷;侦察、探测和攻击敌潜艇;打击敌舰船、潜艇,扫除水雷,破坏敌人石油设施及通信网络等。③水下中继通信,由多个水下航行器组成水下通信网络,实现水下中继通信和中继（相对）导航。美军典型 UUV 战技指标见表 2.3.1。

表 2.3.1 美国典型军用 UUV 战技指标

装 备	排水量 kg	工作深度 m	外形尺寸 m	航程 km	巡航速度 kn	最大航速 kn	装备情况
MTV	14 000	244	长 10.4 宽 2.4 高 0.9	120	5	10	试验艇
AUSS	1 260（重量）	6 000	长 5.2 直径 0.8	111		6	已装备
NMRS	1 020（重量）	180	长 5.23 直径 0.533	65	4	7	已装备
LMRS	1 190（重量）	460	长 6.1 直径 0.533	222	4	7	已装备
海 马	4 539	300	长 8.69 直径 0.97	926	4	6	已装备
REMUS-100	37（重量）	100	长 1.57 直径 0.19	122	3	5	已装备
REMUS-600	240（重量）	600	长 3.25 直径 0.324	390	3	5	已装备
REMUS-6 000	863（重量）	6 000	长 3.84 直径 0.71	122	3	5	已装备
金枪鱼-9		300~4 500	长 1~5 直径 0.229				已装备
金枪鱼-12	135~226	200	长 2.1~3.8 直径 0.305	93~213		5	已装备
金枪鱼-21			长 1~5 直径 0.533				已装备
金枪鱼-21BPAUV	220（重量）	270	长 3 直径 0.533	100	3		已装备

鱼雷（见图 2.3.2）是一种典型的军用水下无人自主航行器，它由携载平台发射入水，能在水中自航、自控和自导，在水中爆炸毁伤目标的水中武器，其典型结构如图 2.3.3 所示。它和鱼雷发（投）射装置、鱼雷射击指挥控制系统、探测设备等构成鱼雷武器系统，装备于舰艇、飞机或岸基发射台，用以攻击潜艇、水面舰船及其他水中目标；还可作为反潜导弹的战斗部和自动跟踪水雷的主体。现代鱼雷主要用于攻击潜艇，也用于攻击大、中型水面舰船；现在的鱼雷具

有速度快、航程远、隐蔽性好、命中率高和破坏威力大等特点,发射后可自己控制航行方向和深度,遇到舰船,只要一接触就可以爆炸,在水中航行的速度为 70~90km/h。鱼雷是重要的海战武器,它的航程可达数千米,它可以在水下 15m 以内打击水面上的舰艇,也可以在数百米深的水下攻击现代潜水艇,它能在水下沿一定方向运动,既不上浮也不下沉。

图 2.3.2 水中自主航行器——鱼雷

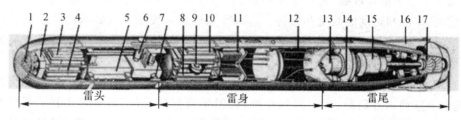

线导鱼雷的外形及构造

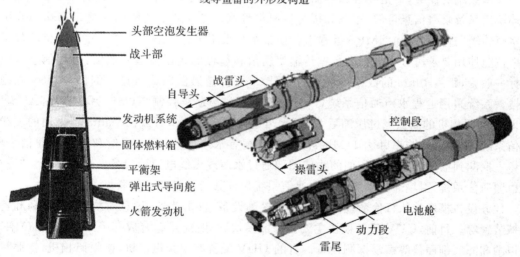

图 2.3.3 鱼雷典型结构示意图

1—换能器; 2—发射机; 3—自导控制组件; 4—接收机; 5—装药和电子组件; 6—爆发器;
7—待发装置; 8—指令控制件; 9—陀螺控制组件; 10—电源控制组件; 11—线团; 12—燃料; 13—燃烧室;
14,15—发电机; 16—舵; 17—推进器

同鱼雷结构类似,UUV 通常由载体结构、控制系统、自主导航系统、能源推进系统等系统和任务设备模块等组成。

载体结构一般包括耐压结构和非耐压结构。耐压结构内主要布置电池、导航和控制等设备及传感器。非耐压结构保证 UUV 具有较好的低阻低噪外形,确保 UUV 的航行稳定性。

耐压壳体结构采用铝合金、碳纤维混合等材料制成,非耐压结构采用玻璃钢等材料制成。

控制系统包括底层动态控制和高层智能控制。底层动态控制用于控制 UUV 的航行状态和姿态,并对部分传感器进行控制;高层智能任务控制用于 UUV 的航路规划、任务规划(如局部避障规划)和作业规划(如探测敌水雷雷区、侦察敌兵力部署等),智能任务控制器能根据 UUV 自身运行状态、能量消耗、分系统或负载传感器的输入,对 UUV 使命执行判断和任务重组。

自主导航系统为 UUV 的安全航行和执行作业任务提供保证,提供 UUV 的位置、航向、深度、速度和姿态等信息。

能源推进系统采用电池和推进电机。电池一般分为动力电池和设备电池,保证 UUV 独立具备安全航行和作业任务所需的能源。20 世纪八九十年代初期,美国的各型 UUV 均采用了银锌电池。2000 年后,多型系统采用了锂离子电池,能量密度一般是银锌电池的 3～4 倍。推进系统大多采用多组推进器,包括水平推进器、垂直推进器和横向推进器,保证 UUV 按照指令完成航向、深度和速度的改变和保持。AUSS 先进无人搜索系统装有两个横向推进器和一个纵向推进器。NMRS,LMRS,"金枪鱼"- 21BPAUV 和"海马"等 UUV,其推进装置均在尾部采用单一导管型推进器。

通信系统主要采用光纤有线通信和水声、无线电及卫星等无线通信手段,如配置光纤信号线缆、无线电高频调制解调器、水声调制解调器、卫星通信接收机等,用于 UUV 与母船的通信。通信系统的任务,一是要确保母船对 UUV 的有限监督和控制,二是要确保 UUV 能将周围环境信息及自身信息可靠、正确和按时传回给母舰。光缆通信的数据传输率高达 30Mb/s,可实时传输图像信号,如 NMRS 近程水雷侦察系统采用了光缆通信方式。水声通信的数据传输率按照使用要求可分为近程高数据传输率通信和远程低数据传输率通信,近程信息传输的指标一般为,距离 10km 的数据传输率为 4Kb/s,可传输黑白图像信息。例如,AUSS 先进无人搜索系统采用近程水声通信系统,一方面母船通过声遥链控制 AUSS,另一方面,AUSS 将 CCD 数字照相机的图像经过压缩后,通过水声通信实时地传给母舰。Manta 拟采用的无线电通信系统,其数据传输率可达 11Mb/s。LMRS 配有水声通信、卫星通信和无线电通信手段,可将它探测到的所有与水雷相似的物体图像通过水声或无线电通信设备发送回母艇。"海马"由射频通信系统、卫星通信系统和水声通信系统保证其与潜艇的通信联络。

任务设备模块为执行使命任务而配置有探测设备、攻击武器、信息对抗装置、炸药和特殊机械装置等。目前,UUV 任务模块主要是探测模块,一般配置有合成孔径声呐、侧扫声呐、前视声呐和海底剖面仪等声学探测设备。有的 UUV 配置有视频摄像机、视频照相机、探照灯和激光扫描系统等光学探测设备,激光雷达等雷达探测设备。美国 LMRS 的合成孔径声呐(SAS)体积小、重量轻,采用双高频低频工作制,高频和低频声呐分别具有 25.4mm 和 76.2 mm 的水平距离分辨。在航速为 4km/h 时,探测的距离覆盖范围为 84m。高频声呐对凸出海床的沉底水雷能绘出高清晰度的图像供识别,低频声呐增加了对掩埋水雷的探测能力。"金枪鱼"－21BPAUV 的侧扫声呐工作频率为 455kHz,侧扫精度高,纵向精度为 10cm,横向精度为 7.5cm,可提供分辨率较高的图像。NMRS 的侧扫声呐采用了 AN/AQS－14 直升机猎雷声呐,前视声呐采用 SeaBat 6012,工作频率为 455kHz,前向扫描范围为 90°,探测距离最远达 200m,距离分辨率为 5cm;改进型 SeaBat 8100 避雷声呐,工作频率为 240kHz,前向扫描范围为 360°,探测距离最远达 400m,距离分辨率为 1cm。

UUV 要完成预定的使命,离不开水下自主导航系统与技术。由于水下导航与空中导航相比,具有工作时间长,环境复杂,信息源少,隐蔽性要求高等特点,因此水下导航具有更大的难度。

UUV 自主导航系统通常是由捷联惯导系统、多普勒测速声呐(DVL)、GPS 和卡尔曼滤波器等导航设备组成的复合导航系统。此外,高精度、高可靠、高适应性的水下自主导航还可能使用磁罗经、陀螺罗经、CTD(温盐深传感器)、水压计、重力梯度仪、地磁场测量仪、测高声呐、测深声呐、声基线(长基线、短基线、超短基线)定位系统等导航定位设备。

美国 UUV 的捷联惯导系统大多采用激光陀螺惯导,例如 RL34 型环形激光陀螺惯导。该型惯导具有 0.25nm/h 的定位精度和 0.6m/s 的速度精度;多普勒测速声呐多采用美国的 EDO 或者 RDI 公司的产品。EDO 3040 型多普勒测速声呐工作频率为 288kHz,测速精度为速度的 0.2%。RDI 公司的 DVL-300 型多普勒测速声呐工作频率为 250kHz,跟踪深度为 200m,测速精度为速度的 ±0.4%。UUV 通常要采用捷联惯导系统、多普勒测速声呐、GPS 等组合导航方式,美国的"金枪鱼"-21BPAUV,REMUS 系列、IMRS 远期水雷侦察系统等 UUV 均采用了组合导航方式。AUSS 先进无人搜索系统设有长基线水声定位系统, ODYSSEY,REMUS-100 设有长基线和超短基线水声定位系统。长基线水声定位系统,定位范围大于 10km,定位精度小于 5m;超短基线水声定位系统,定位范围数千米,定位精度小于 1m,方位精度 0.1°。

目前,UUV 自主导航方法主要有:①航位推算与惯性导航;②声学辅助导航;③地球物理辅助导航;④组合导航。

1. 航位推算与惯性导航原理

自主式水下导航最早应用的是航位推算法,它将水下航行器的速度对时间进行积分来获得航行器的位置。惯性导航具有完全自主,不需要外界信息源,全天候,机动灵活,多功能等优点,非常适合 UUV 隐蔽航行,因此是 UUV 最基本的导航定位手段。最主要问题是随着航行器航行时间的增大,其定位误差也不断增大。另外初始对准比较困难,特别是由动态载体携带发射的水下航行器就更加困难。海流也会使水下航行器产生干扰速度分量,从而导致较大的定位误差。因此惯性导航系统一般和声学辅助导航设备(各种声呐测量传感器、声基线定位传感器)、GPS 构成组合导航系统,采用"潜航(SINS/DVL)-水面校正(SINS/GPS)-潜航(SINS/ DVL)"的导航模式,消除惯导初始定位误差和长航时产生的漂移误差。

2. 声学辅助导航

相对于电磁信号来说,声信号可以在水下传播较远的距离,因此声发射机可以在水下航行器无需浮出水面的情况下作为信标来导引水下航行器的航行。目前,水下航行器采用的水下声学辅助导航定位系统主要有长基线系统(LBL)与超短基线系统(ULBL)。这两种形式都需要外部的换能器或换能器阵才能实现声学导航。由若干个安装在已知位置的换能器作为信标,并构成阵列,航行器发出的声信号被每个信标接收后,又重新返回,这样在已知当地的声速剖面和每个信标的几何位置后,根据声信号传递的时间(Time-of-Flight,TOF),就可以确定航行器相对于每个信标的位置。

此外,通过 UUV 自身配置的多普勒测速仪测量 UUV 相对于海底的绝对速度,此速度值经坐标转换后可用于修正惯导的速度误差,提高 UUV 长航时导航精度。多普勒测速声呐的测速原理与多普勒雷达的测速原理基本相同,可参阅 3.3.3 节的内容。

3.地球物理场辅助导航

(1)基于重力场导航的方法。通过对地球重力场的研究表明,地球重力场绝对不是均匀分布的,而是存在一个变化的拓扑。这些变化主要是由当地拓扑和密度不均匀性造成的。对于惯性导航而言,当地重力场的变化对于加速度计自身来说是不能区分的,为此美国海军曾经为了校正惯性导航的误差,对重力场进行了测绘。研究表明,采用重力梯度计作为辅助惯性导航的工具,能够取得很好的导航结果。这种方法的主要缺陷在于梯度计的体积、成本及复杂度,而且重力梯度计必须安装在惯性空间稳定而且隔振的平台上。

(2)基于地磁导航的方法。由于地球磁场强度会随着纬度、周围人工或自然的物体的变化而变化,即使在水下,深度每变化 1 000m,其磁场强度也会随其所在位置的不同而增加 6~30nT。而且,每天也会因时间的不同有微小的变化。地磁导航的原理就是根据地磁曲线的分布规律来进行导航定位的方法。由卫星或水面船只生成的磁场测绘图,在考虑了每天的磁场变化和深度变化后,就可以被水下航行器用来进行导航。

(3)基于等深线导航的方法。采用波束声呐以不同的角度测量深度,从而可以给出海底精确的轮廓,通过将这些轮廓与实际海区先验深线测绘图进行匹配,可以实现水下航行器基于等深线的自主导航。

第三章　自主导航技术

自主航行就是航行器依靠自身传感器、控制器、执行器和能源动力装置,自主规划航行路线,自主确定航行位置(加速度、速度、位移)、航行方位(角速度、角度、航向),在控制器、执行器和能源动力装置的控制下自主向目的地航行。

自主导航技术是实现自主航行的核心和关键技术,其主要功能是自主确定航行器的航行位置、航行方位等参数。目前,实现自主导航的主要方式包括惯性导航、卫星导航、匹配导航、视觉导航等。

3.1　惯性导航技术

惯性是物体保持原有运动状态不变的性质,是自然界最基本的现象。利用物体的线运动惯性和角运动惯性可以实现物体运动线加速度和角速度的测量,按照这种原理设计的加速度和角速度测量装置就是惯性测量仪表,分别称为加速度表和速率陀螺。陀螺仪和加速度表是惯性导航技术的核心仪表。

惯性导航技术就是以惯性仪表为核心,构成平台式或捷联式惯性测量系统。惯性测量系统在航行器中的功用主要包括三个方面:①建立惯性测量基准;②测量航行器航行的角速度;③测量航行器航行的加速度。

惯性系统在测量航行器的位置、姿态等信息时,既不需要外界信息,也不向外界辐射能量,不受外界干扰,具有全天候、全天时、全自主导航能力。惯性系统的这一特点使之在军事领域应用时具有隐蔽性强,不易被敌方发现、破坏等特点。因此,惯性导航系统成为导弹、飞机、舰船等作战武器中的基础导航设备。

3.1.1　陀螺仪

广义上讲,凡能保持给定方位,并能敏感或测量航行器绕给定方位转动角位移或角速度的装置均可称为陀螺仪。能够保持给定的方位,并敏感航行器角位移或角速度的功能称为陀螺效应。

产生陀螺效应的机理有很多种,人们根据不同的陀螺效应产生机理,研制出了不同形式的陀螺仪。例如,刚体转动陀螺仪就是利用高速旋转的刚体具有陀螺效应而形成的陀螺仪;振动陀螺仪是利用振动叉旋转时的哥氏加速度效应做成的角速度测量装置;半球谐振陀螺仪是利用振动环旋转时的哥氏加速度效应做成的角位移测量装置;静电陀螺仪利用悬浮技术支撑转子,并利用光电传感器摄取转子特制刻线形成的光脉冲来间接测量偏差角;压电陀螺仪利用晶体的压电效应做成角速度测量装置;粒子陀螺仪利用基本粒子的陀螺磁效应做成角速度测量装置;光学陀螺仪利用光学萨格奈克(Sagnac)效应制成角速度测量装置。概括起来,陀螺仪主要包括机械转子陀螺仪、谐振陀螺仪、光学陀螺仪等。

3.1.1.1 机械转子陀螺仪

陀螺仪,一直是航空、航天和航海上航行姿态及速率等最方便实用的测量仪表。从力学的观点近似地分析陀螺的运动时,可以把它看成是一个刚体,刚体上有一个万向支点,而陀螺可以绕着这个支点作3个自由度的转动,所以陀螺的运动是属于刚体绕一个定点的转动运动。更确切地说,一个绕对称轴高速旋转的飞轮转子就是陀螺。将陀螺安装在框架装置上,使陀螺的自转轴有角转动的自由度,这种装置的总体就是陀螺仪,图3.1.1给出了一个二自由度陀螺仪的结构原理图。

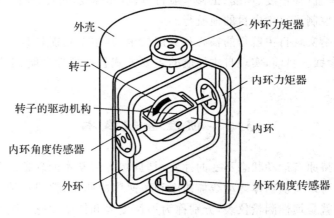

图 3.1.1　二自由度陀螺仪结构原理图

二自由度陀螺仪通常由3部分组成:①陀螺转子(常采用同步电机、磁滞电机、三相交流电机等拖动方法来使陀螺转子绕自转轴高速旋转,并使其转速近似为常值);②内、外框架(或称内、外环,它是使陀螺自转轴获得所需角转动自由度的结构);③附件(是指力矩马达、信号等)。高速旋转的陀螺转子具有两个特性:定轴性和进动性。

定轴性:当陀螺转子以高速旋转时,若没有任何外力矩作用在陀螺仪上,陀螺仪的自转轴在惯性空间中的指向保持稳定不变,即指向一个固定方向,同时反抗任何改变转子轴向的力量。这称为陀螺仪的定轴性或稳定性。其稳定性与以下物理量相关:转子的转动惯量愈大,稳定性愈好;转子角速度愈大,稳定性愈好。

所谓"转动惯量",是描述刚体在转动中惯性大小的物理量。当以相同的力矩分别作用在两个绕定轴转动的不同刚体上时,它们所获得的角速度通常是不一样的,转动惯量大的刚体所获得的角速度小,也就是保持原有转动状态的惯性大;反之,转动惯量小的刚体所获得的角速度大,也就是保持原有转动状态的惯性小。

进动性:当转子高速旋转时,若外力矩作用于外环轴,陀螺仪将绕内环轴转动;若外力矩作用于内环轴,陀螺仪将绕外环轴转动。其转动角速度方向与外力矩作用方向互相垂直。这种特性,叫作陀螺仪的进动性。进动角速度的方向取决于动量矩 H 的方向(与转子自转角速度矢量的方向一致)和外力矩 M 的方向,而且是自转角速度矢量以最短的路径追赶外力矩。这可以通过右手定则来判定。即伸直右手,大拇指与食指垂直,手指顺着自转轴的方向,手掌朝外力矩的正方向,然后手掌与四指弯曲握拳,则大拇指的方向就是进动角速度的方向。

进动角速度的大小取决于外力矩 M 的大小和转子动量矩 H 的大小,其计算式为 $\omega =$

M/H。进动性的大小也有 3 个影响因素:① 外界作用力愈大,其进动角速度也愈大;② 转子的转动惯量愈大,进动角速度愈小;③ 转子的角速度愈大,进动角速度愈小。

现在以具有图 3.1.2 结构原理的单自由度陀螺仪为例,说明陀螺仪器敏感角速度的工作原理。

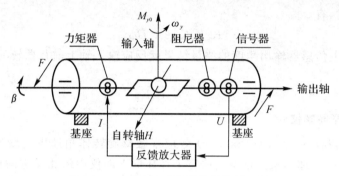

图 3.1.2　单自由度陀螺仪结构原理图

在描述单自由度陀螺仪运动时,可采用两套坐标系:固连于陀螺仪内框架上的坐标系 $OX_1Y_1Z_1$,X_1 为陀螺内框轴,也是测量信号的输出轴,Y_1 为陀螺缺少自由度的轴,该轴是被测角速度的敏感轴,通常称为输入轴或测量轴,Z_1 为转子自转轴。$OX_0Y_0Z_0$ 为固连于基座的坐标系。在运动的初始时刻,两坐标系重合。

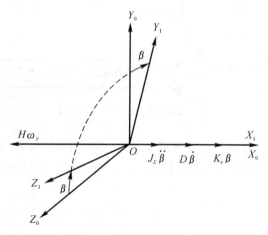

图 3.1.3　单自由度陀螺仪运动平衡原理图

当基座绕缺少自由度的输入轴以 ω_y 角速率旋转时,将强迫陀螺仪跟随基座转动,但陀螺仪在 Y_0 方向缺少运动自由度,内框架上的一对支撑形成推力 F 作用在内框架的两端,形成作用在陀螺仪上的推力矩 M_{y_0},M_{y_0} 的方向与 ω_y 方向一致,由于陀螺仪内框架绕输出轴有转动自由度,由陀螺仪的进动特性,陀螺仪在 M_{y_0} 的作用下会发生进动,进动的方向为按照右手定则,由陀螺仪的转动方向 H 握向 M_{y_0} 的拇指所指方向。进动角度 β 会被输出轴上的传感器敏感到。单自由度陀螺仪的这一特性是指具有敏感绕其缺少自由度方向旋转角速度的特性。

陀螺仪绕 Y_0 以 ω_y 转动时,会产生陀螺力矩,陀螺力矩大小为 $H\omega_y$,方向为右手从 H 握向 ω_y,大拇指指向的方向。同时,ω_y 会使陀螺沿 X_0 负向进动,沿输出轴的进动角度、角速度、角

加速度分别为 $\beta,\dot{\beta},\ddot{\beta}$。其中,$\ddot{\beta}$ 会产生惯性力矩 $J_x\ddot{\beta}$,$\dot{\beta}$ 会产生阻尼力矩 $D\dot{\beta}$,β 通过力矩再平衡回路会形成再平衡力矩 $K_uK_iK_m\beta$(K_u 为转角传感器传递系数,K_i 为反馈回路放大系数,K_m 为陀螺力矩器传递系数),这些力的方向如图 3.1.3 所示,由图可列出力矩平衡方程为

$$J_x\ddot{\beta}+D\dot{\beta}+K_uK_iK_m\beta=H\omega_{X1} \tag{3.1.1}$$

当处于稳态时,有

$$K_uK_iK_m\beta=H\omega_{X1} \tag{3.1.2}$$

显然,输出轴上传感器输出角度的测量结果就反应输入轴上航行器转动的角速度,即

$$\beta=\frac{H\omega_{X1}}{K_uK_iK_m} \tag{3.1.3}$$

3.1.1.2 光学陀螺仪

光学陀螺仪是利用萨格奈克(Sagnac)效应来敏感旋转体角速度的新型固态光电式惯性仪器。1913 年,法国物理学家萨格奈克研究了在环形干涉仪中沿相反方向传播的两相干光束的干涉特性,并发现当干涉仪以角速度 Ω 旋转时,二光束的光程差 ΔL 与 Ω 成正比,这种现象被称为 Sagnac 效应。Sagnac 效应是用光学方法测量旋转体角速度的物理基础。Sagnac 效应可由图 3.1.4 所示的环形干涉仪来解释。

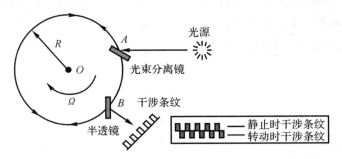

图 3.1.4　Sagnac 环形干涉仪

由光源发出的光在 A 点被光束分离器分解为沿顺、逆时针方向传播的两束光进入环形腔体。如果腔体相对惯性空间没有转动,则两束光在环路内绕一圈的光程是相等的,所需要的时间为

$$t=\frac{2\pi R}{c} \tag{3.1.4}$$

式中,R 为环路半径,c 为光速。

如果干涉仪以常值角速度 Ω(设为顺时针方向)绕垂直于光路平面的中心轴线旋转,则从 A 点出发的两束反向传播光束返回到光束分离镜的时间是不同的。这是因为在此时间内,光束分离镜由 A 点移动到 B 点,在环路内顺时针光束必须比逆时针光束移动更长的距离。

设 L^+ 为顺时针光束绕环路一圈传播的光程,对应的传播时间为 t^+,L^- 为逆时针光束绕环路一圈传播的光程,对应的传播时间为 t^-,则有

$$L^+=2\pi R+R\Omega t^+ \tag{3.1.5}$$
$$L^-=2\pi R-R\Omega t^- \tag{3.1.6}$$

或

$$ct^+=2\pi R+R\Omega t^+ \tag{3.1.7}$$

$$ct^- = 2\pi R - R\Omega t^- \qquad (3.1.8)$$

于是，沿相反方向传播的两束光绕行一圈再次到达光束分离镜的时间差为

$$\Delta t = t^+ - t^- = 2\pi R \left(\frac{1}{c - R\Omega} - \frac{1}{c + R\Omega} \right) = \frac{4\pi R^2 \Omega}{c^2 - R^2 \Omega^2} \qquad (3.1.9)$$

考虑到 $R^2 \Omega^2$ 远大于 c^2，有

$$\Delta t \approx \frac{4\pi R^2 \Omega}{c^2} = \frac{4A}{c^2}\Omega \qquad (3.1.10)$$

式中，$A = \pi R^2$ 为环形光路所围面积。

由式(2.1.17)，可得顺时针、逆时针传播光束在环路内绕行一圈的光程差

$$\Delta L = \frac{4A}{c}\Omega \qquad (3.1.11)$$

式(3.1.11)表明光程差与腔体转动角速度成正比。只要能测量出光程差 ΔL，就能确定环形光路相对于惯性空间的旋转角速度。

设光的角频率为 ω，波长为 λ，则沿相反方向传播的两束光绕行一圈后，其相位差为

$$\Delta\theta = \omega \cdot \Delta t = \frac{2\pi c}{\lambda} \cdot \frac{4A}{c^2}\Omega = \frac{8\pi A}{\lambda c}\Omega \qquad (3.1.12)$$

式中，$\Delta\theta$ 被称为 Sagnac 相移，它与旋转角速度 Ω 成正比。在图 3.1.4 中，顺时针和逆时针光束在环路内传播一周后通过半透镜发生干涉，形成明暗相间的干涉条纹，反映了两束光的相位差。

需要指出的是，上述结论虽然是从圆形环路推导得出的，但是对于任何几何形状的环路（三角形或矩形）都是适用的。

Sagnac 干涉仪是通过检测光程差（相位差）来测量旋转体角速度的。1925 年，Michelson 和 Gale 用一个面积为 $A = 600 \text{m} \times 300 \text{m}$ 的矩形环路成功地证明了地球的自转效应。但即使是在这个巨大环形干涉仪中，由地球旋转所引起的沿顺、逆时针方向传播的光束之间的光程差也仅为 $0.18 \mu\text{m}$，因此用这种方法来测量旋转角速度的灵敏度非常低。在激光出现之前，Sagnac 效应没有得到实际应用。

1960 年激光出现以后，使用环形谐振腔和频差技术或使用光导纤维和相敏技术大大提高了测量灵敏度，才使 Sagnac 效应从原理走向实用，先后发展出激光陀螺仪和光纤陀螺仪。

一、激光陀螺仪

激光陀螺仪是以 Sagnac 效应为基础，利用激光作为相干光源，采用差频探测技术，由环形激光谐振腔为主体构成的角速度测量装置。激光陀螺仪主要由环形激光器、偏频电路、程长控制电路、信号读出电路、逻辑电路、电源组件等组成，如图 3.1.5 所示。

环形激光器是激光陀螺仪的核心，由它形成的正、反向行波激光振荡是激光陀螺仪实现对输入角速度测量的基础。

环形激光器存在着感测死区。通过提高环形激光器反射镜的质量和制作工艺，可以减小该区间，却不可能使其完全消除。为提高克服环形激光器的测量灵敏度，必须采用偏频措施。在两束相向行波之间引入较大的频差，以克服低转速条件下的闭锁效应。偏频方法主要有恒速偏频、抖动偏频、速率偏频和磁镜偏频等。标定因数的稳定性和精度主要取决于程长 L。为减小程长 L 受温度等环境因素的影响，必须采用程长控制电路实现程长的稳定。

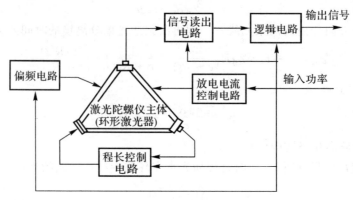

图 3.1.5　激光陀螺仪组成示意图

环形激光器相向行波的频差需由信号读出电路进行检测,将偏频引入的频差处理后才能得到所需的信号。

激光陀螺仪的主体通常是一个三角形或四边形的环形谐振腔,其中充有按一定比例配制的氦-氖(He-Ne)混合气体作为激活物质。在环形谐振腔内,3 个光学平面反射镜形成闭合光路。沿光轴方向传播的光子受到反射镜的不断反射,在腔内不断绕行,并重复通过激活物质使同方向、同频率、同相位、同偏振的光子不断得到放大,从而形成激光。由于激光陀螺仪采用环形谐振腔,在腔内产生了沿相反方向传播的两束激光,其中一束沿逆时针方向,另一束沿顺时针方向。

激光陀螺仪工作的前提是:沿环路反向传播的两束光必须发生谐振。只有发生谐振才能使反向传播的两束光干涉叠加后形成强烈的光振荡,保持光能增益,维持光波在闭合环路中的循环传播。

设环形谐振腔的周长为 L,则对于频率为 f 的单束光而言,在腔内绕行一周的相位差为

$$\Delta\theta = \omega \cdot \Delta t = \frac{2\pi fL}{c} \tag{3.1.13}$$

考虑到光在腔内绕行一周相位改变为 2π 的整数倍,即 $2q\pi$(q 为正整数),才能产生激光这一条件,有

$$\frac{2\pi fL}{c} = 2q\pi \tag{3.1.14}$$

由此可得到谐振频率为

$$f = q\frac{c}{L} \tag{3.1.15}$$

设 L^+,L^- 分别为沿顺时针和逆时针方向传播的光波在腔内绕行一周的光程,f^+,f^- 分别为沿顺时针和逆时针方向传播的光波的谐振频率。当谐振腔相对惯性空间无旋转时,两束激光在腔内绕行一周的光程相等,即 $L^+=L^-=L$;两束激光的谐振频率也相同,$f^+=f^-=qc/L$。

当谐振腔绕着与环路垂直的轴以角速度 Ω(设为顺时针方向)相对惯性空间旋转时,两束激光在腔内绕行一周的光程不再相等,因而两束激光的谐振频率也不同。根据式(3.1.15),有

$$\left.\begin{array}{l} f^+ = \dfrac{qc}{L^+} \\[2mm] f^- = \dfrac{qc}{L^-} \end{array}\right\} \tag{3.1.16}$$

两束激光的谐振频率之差为

$$\Delta f = f^- - f^+ = \frac{(L^+ - L^-)qc}{L^+ L^-} \qquad (3.1.17)$$

可以证明

$$L^+ L^- = \frac{L^2}{1 - (L\omega)^2 / (8c)^2} \approx L^2 \qquad (3.1.18)$$

$$L^+ - L^- = \frac{4A}{c}\Omega \qquad (3.1.19)$$

式中,A 为环形谐振腔光路包围的面积。

综合式(3.1.17)～式(3.1.19),得

$$\Delta f = \frac{4Aq}{L^2}\Omega \qquad (3.1.20)$$

即

$$\Delta f = \frac{4A}{L\lambda}\Omega \qquad (3.1.21)$$

式中,$\lambda = L/q$ 为谐振波长。

由于环形谐振腔环路包围的面积 A、环路周长 L 和谐振波长 λ 均为定值,因此激光陀螺仪的输出频差 Δf 与输入角速度 Ω 成正比,即

$$\Delta f = K\Omega \qquad (3.1.22)$$

式中,$K = 4A/(L\lambda)$ 为激光陀螺仪的标度因数。

式(3.1.22)是激光陀螺仪测量角速度的原理公式。只要测出顺、逆时针激光行波的频差,就可以计算出相应的转动角速度。

为了准确测量顺时针、逆时针传播的两束激光的频差,需要将这两束激光引出谐振腔外,使它们混合并入射在光检测器上。混合两束激光的典型方案如图 3.1.6 所示。

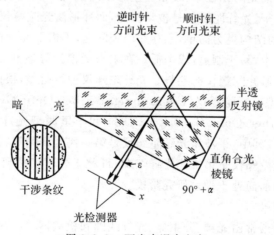

图 3.1.6　两光束混合方案

在图 3.1.6 中,两束光的一部分通过半透反射镜和直角合光棱镜,再经合光棱镜进行相应的透射和反射,使两束光汇合。由于合光棱镜的直角不可能严格等于 90°,总存在一个小的偏差角 α,两束光从合光棱镜出射后也有很小的夹角 $\varepsilon = 2n\alpha$(n 为合光棱镜的折射率),于是在光

检测器上就会产生平行等距的干涉条纹。

当激光陀螺仪无角速度输入时,频差 $\Delta f = 0$,干涉条纹的位置不随时间变化。当有角速度 Ω 输入时,干涉条纹的移动速度与频差 Δf 成正比,亦即与 Ω 成正比。干涉条纹的移动速度可由光检测器来敏感。如果检测器敏感元件的尺寸比干涉条纹的间距小,那么光检测器只能检测到一个干涉条纹。这样,当干涉条纹在光检测器上移动时,就会输出电脉冲信号。输入的角速度 Ω 越大,干涉条纹移动的速度越快,输出电脉冲的频率也就越高。因此,只要采用频率计测量出电脉冲的频率,就可测得输入角速度 Ω。

激光陀螺仪与刚体转子陀螺仪有着本质的区别。传统的刚体转子陀螺仪都是基于力学原理来测量的,而激光陀螺仪则是利用光速的恒定性和 Sagnac 效应来敏感输入角速度的。

与刚体转子陀螺仪相比,激光陀螺仪具有下述优点。

1)没有机械运动部件,结构简单,全固体化,可靠性高、寿命长,性能稳定,抗干扰能力强;

2)动态范围宽;

3)无须加热启动,准备时间短,启动速度快;

4)激光陀螺仪的敏感轴垂直于环形谐振腔平面,对其他正交轴的旋转角速率、角加速度和线加速度均不敏感,噪声小,灵敏度高;

5)无质量不平衡问题,对加速度和振动不敏感,抗冲击过载能力强;

6)数字脉冲输出,便于与弹载计算机接口。

激光陀螺仪以其独特的优点和性能在新兴的固态陀螺领域具有非常重要的地位。但由于激光陀螺仪采用短工作波长的激光,对反射镜等器件的工艺要求较高,因而成本较高。

二、光纤陀螺仪

光纤陀螺仪是一种基于 Sagnac 效应的角速度敏感装置。它通过测量沿光纤线圈顺时针和逆时针方向传播的两束光的光程差(或相位差),来测量光纤线圈的转速。光纤陀螺仪与激光陀螺仪的本质区别在于,光纤陀螺仪是被动型的,而环形激光陀螺仪是主动型的。与激光陀螺仪相比,光纤陀螺仪的结构更为简单,不存在闭锁问题,不需要光学镜的高精度加工、光腔的严格密封和机械偏频技术,易于制造,成本低。在未来的惯性导航和制导系统中,光纤陀螺仪有取代机电式陀螺仪和激光陀螺仪的趋势。光纤陀螺仪种类很多,根据工作原理的不同,可将其划分为三大类:干涉型光纤陀螺仪(Interferometric Fiber Optic Gyro,I-FOG)、谐振式光纤陀螺仪(Resonator Fiber Optic Gyro,R-FOG)和布里渊型光纤陀螺仪(Brillouin Fiber Optic Gyro,B-FOG)。其中,干涉型光纤陀螺仪是第一代光纤陀螺,其在技术上已趋成熟,正在实用化。谐振型光纤陀螺仪是第二代光纤陀螺,目前正处于实验研究向实用化发展阶段。布里渊型光纤陀螺仪目前尚处于理论研究阶段。

1.干涉型光纤陀螺仪

干涉型光纤陀螺仪通常由光源、分束器、光纤线圈和检测器等组成,如图 3.1.7 所示。

从光源发出的光,经过分束器后,被分成强度相等的两束光,分别从光纤线圈的两个端头耦合入光纤线圈,在相反方向上绕光纤线圈一周后,分别从光纤线圈的相反端头出射,再经分束器产生干涉。当光纤线圈处于静止状态时,从光纤线圈两端头出来的两光束的光程差为零,陀螺仪输出也为零。当光纤线圈以角速度 Ω 旋转时,两束光会由于 Sagnac 效应而产生相位差。

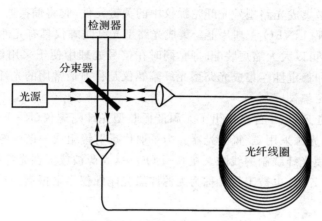

图 3.1.7 光纤陀螺仪原理图

设光纤线圈的面积为 A, 匝数为 N, 则由式 (3.1.11), 可得两光束的光程差为

$$\Delta L = \frac{4NA}{c}\Omega \qquad (3.1.23)$$

由此可得两束光之间的相位差为

$$\Delta\theta = \frac{2\pi c}{\lambda} \cdot \frac{\Delta L}{c} = \frac{2\pi c}{\lambda} \cdot \frac{4NA}{c^2}\Omega = \frac{8\pi NA}{\lambda c}\Omega = K\Omega \qquad (3.1.24)$$

式中, $K = 8\pi NA/(\lambda c)$ 为光纤陀螺仪的标度因数。

由上式可知, 只要能够检测出 Sagnac 相移 $\Delta\theta$, 即可计算出旋转角速度 Ω。根据 Sagnac 相移的检测方式不同, 干涉型光纤陀螺仪可分为开环干涉型和闭环干涉型两大类。开环系统结构简单, 测量范围小, 精度较低。闭环系统结构复杂, 测量范围大, 精度较高。在电路实现上, 根据选用的解调手段不同, 开环干涉型和闭环干涉型又分别分为模拟解调和数字解调。于是, 根据信号处理方式的不同, 干涉型光纤陀螺仪可分为模拟开环、模拟闭环、数字开环和数字闭环四类工作方式。

干涉型光纤陀螺仪主要由光路系统(由光源发出的光至检测器所经过的回路)和信号处理电路组成。按照光路系统的构成, 目前进入实用阶段的干涉型光纤陀螺仪主要有两类: 全光纤型光纤陀螺仪和集成光路型光纤陀螺仪。对于全光纤型光纤陀螺仪而言, 从光源发出的光可以不间断地沿着光纤通路连续传播, 最后到达检测器, 构成一个封闭回路, 从而实现光纤陀螺仪的全部功能。由于光始终在光纤中传播, 总体损耗较小, 光路形成后, 性能相对稳定, 成本较低。全光纤型光纤陀螺仪的主要问题是难以实现高精度测量, 大多应用于对精度要求不高的场合。集成光路型光纤陀螺仪的基本元件为集成光学器件、光纤耦合器、光纤线圈、光源和检测器, 如图 3.1.8 所示。

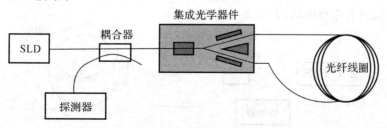

图 3.1.8 集成光路型光纤陀螺仪结构图

集成光学器件是集成光路型号光纤陀螺仪中的关键元件,它将偏振器、耦合器和相位调制器集成在一块铌酸锂(LiNbO₃)基片上。集成光路型光纤陀螺仪具有元件集成度高和相位调制器频带宽的优点,可以大大缩短装配时间,同时在信号处理中便于采用数字闭环技术,有利于提高测量的精度和稳定性。集成光路型光纤陀螺仪是目前最常用的光纤陀螺仪。

2. 谐振型光纤陀螺仪

1983 年,美国的 Ezekiel 首次提出了无源谐振腔型光纤陀螺仪(R-FOG)的系统结构方案。在光路系统中,光源采用氦-氖激光器。为了取代反射镜组成的谐振腔,敏感 Sagnac 效应的环形腔采用了单模光纤绕制的线圈。在 R-FOG 中,光源被放置在光纤线圈之外,谐振腔内没有光源,因此,R-FOG 也被工程界称为无源腔激光陀螺仪。谐振型光纤陀螺仪的原理框图如图 3.1.9 所示。

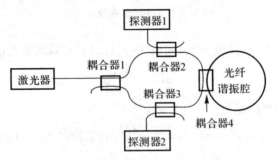

图 3.1.9　谐振型光纤陀螺仪原理结构图

从激光器发出的光经光纤耦合器耦合后进入光纤环谐振腔,在谐振腔内形成相反方向传播的两路谐振光。谐振腔静止时,两束光的谐振频率相等。但当谐振腔旋转时,两束光的谐振频率不再相等,基于 Sagnac 效应,通过测量 R-FOG 中的两谐振光束的谐振频率差,可以确定旋转角速度。

与干涉型光纤陀螺仪相比,R-FOG 具有下述特点。

1) 光纤长度短,降低了由于光纤中温度分布不均匀引起的漂移;

2) 采用高相干光源,波长稳定性高;

3) 由于谐振频率随转动角速度而变,因此检测精度高,动态范围大。

与环型激光陀螺仪相比,由于 R-FOG 的光源在谐振腔外,因而无闭锁效应。

3. 布里渊型光纤陀螺仪

1980 年,美国 Thomas 等人首次提出了有源腔的谐振型光纤陀螺仪系统结构方案。在该方案中,取消了氦-氖激光器,而采用"受激 Brillouim 散射"(Stimulated Brillouim Scattering)的光纤作为光源。这种具有"有源式谐振腔"的光纤陀螺仪称为布里渊型光纤陀螺仪,它与谐振腔光纤陀螺仪具有相似的结构,如图 3.1.10 所示。

图 3.1.10　布里渊型光纤陀螺仪原理结构图

泵浦激光器发出的光在耦合器1处被分为两束不同路径传播的光(分光1∶1),当经过耦合器2时,两束光分别以一定的分光比(99∶1)进入光纤敏感环中沿相反方向传播。当传输光满足受激布里渊散射的阈值条件时,分别产生后向Stoke散射光,两束以相反方向传输的Stoke散射光分别沿着与泵浦光相反的方向经过耦合器2后,在耦合器1处相遇并进行频差处理,基于Sagnac效应就可以得到旋转角速度。

B-FOG是一种有源腔的R-FOG,具有与RLG相同的缺点,即存在着闭锁现象,而且闭锁阈值较大。同时,光纤谐振腔要求很高的温度控制精度。由于许多关键技术没有得到解决,因此B-FOG尚未达到实用要求,目前正处于理论研究阶段。

光纤陀螺仪具有测量精度高、灵敏度高、动态范围大、体积小、重量轻、易于集成等优点,在军事和民用领域具有广阔的应用前景。光纤陀螺仪的突出特点使其在航天航空、机载系统和军事技术上的应用十分理想,因此受到用户特别是军队的高度重视,以美、日、法为主体的光纤陀螺仪研究工作已取得很大的进展。光纤陀螺仪研究工作大部分集中在干涉式,只有少数公司仍在研究谐振式光纤陀螺。光纤陀螺的商品化是在20世纪90年代初才陆续展开,中低精度的光纤陀螺(特别是干涉式光纤陀螺)已经商品化,并在多领域内应用,高精度光纤陀螺仪的开发和研制正走向成熟阶段。在国外,$1°/h$至$0.01°/h$的工程样机已用于飞行器惯性测量组合装置。美国利顿公司已将$0.1°/h$的光纤陀螺仪用于战术导弹惯导系统。新型导航系统FNA2012采用了$1°/h$的光纤陀螺仪和卫星导航GPS。美国国防部决定光纤陀螺仪的精度1996年达到$0.01°/h$;2001年达到$0.001°/h$;2006年达到$0.000\ 1°/h$,有取代传统的机械陀螺仪的趋势。

3.1.1.3　固态振动陀螺仪

固态振动陀螺的起源可以追溯到19世纪中期。傅科发现,一根振动的杆,在随车床转动的时候将保持其振动平面不变。19世纪末期,布莱恩发现,这一原理可以用来测定角速度和线加速度。20世纪50年代,开始研究利用振动元件来检测角速度,主要的工作在美国进行。振动元件取各种不同的形式,例如弦线、空心圆筒、杆件、音叉、梁和半球壳等。自然界中飞虫的稳定器官就是这种形式的陀螺。最早采用振动元件的一种陀螺是美国斯佩里(Sperry)陀螺公司制造的。它是根据音叉原理设计的,所以被称为固态振动陀螺。这类敏感器的基本原理在于仪表器件的振动产生一个振动线速度,如果敏感器这时又绕垂直于线速度的轴线旋转,就会产生一个哥氏加速度。哥氏加速度改变振动元件的运动,如果能把这种运动检测出来,便可得出输入转动的幅值。

这类敏感器最常见的设计技术是采用一个稳定的石英谐振器,再加上压电驱动线路。有些设计方案已经生产出零偏较小的敏感器,达到$0.01°/h$左右。但是体积较小的敏感器的零偏就会达到$0.1\sim10(°)/h$。妨碍这种技术在惯导系统中应用的主要因素是其零位漂移高,谐振时间常数和灵敏度受环境因素(例如温度的变化和振动)影响较大。然而这类敏感器可以做得非常坚固,可以承受很大的加速度。这些敏感器一般都较小,通常直径不足15mm,长度为45mm左右。还有一些更小,可装入方形壳体中。这些敏感器已经应用于许多场合,尤其是在稳定和测量角位置的任务中提供反馈信号。

与传统机械陀螺和光纤陀螺、激光陀螺相比,固态振动陀螺有下述显著的特点。

1)用振动元件代替了传统陀螺高速旋转的转子,不存在摩擦和磨损,因而具有寿命长、可靠性高的优势,寿命可达30年,平均故障间隔时间(MTBF)超过100 000h;

2）动态范围宽，非线性误差小，适合于在捷联惯性系统中使用；

3）用直流供电，直接输出直流信号，使用极为方便；

4）体积小、质量轻，一般小尺寸仅 $45mm \times 15mm \times 15mm$（包括信号处理电路）；

5）功耗低，最低功耗小于 $2mW$；

6）由于振动陀螺的固态设计，耐恶劣环境成为其又一显著特点，固态振动陀螺能承受 $1 \times 10^5 g$ 的高冲击而无损坏；

7）结构简单，可方便地组成双轴、三轴陀螺和惯性组合仪表；

8）成本低、价格便宜。

此外，固态振动陀螺还具有启动时间短、角速度测量范围宽、耐冲击和抗振动等许多优良特性。

目前，基于哥氏原理的固态振动陀螺有振梁、音叉、振动环和半球等结构，按工艺分，固态振动陀螺又有传统加工工艺和微机械工艺方式。

一、半球谐振陀螺

半球谐振陀螺是一种高精度、高可靠、长寿命的新型固态陀螺，它是利用半球壳唇缘的径向振动驻波进动效应来感测基座旋转的一种新型固态振动陀螺。与其他陀螺相比具有如下优势：结构上无高速转子，无活动部件；不需预热，启动时间短；信号频带宽，漂移噪声小；能承受大的机动过载；抗核辐射，可经受短时间电源中断的影响；体积小，质量轻，功耗低，寿命长等。而半球谐振陀螺中的半球谐振子是其最重要的部件之一，谐振子的振动特性直接决定着半球谐振陀螺的精度。

半球谐振陀螺的基本原理可概括为：当处于谐振状态的谐振子随载体旋转时，由于哥氏效应，引起振型相对壳体的旋转，振型壳体相对的速度与载体速度成一定比例关系。旋转的轴对称物体中的谐振波的惯性效应是 1890 年由英国科学家 G. H. 布莱恩发现并通过实验验证的。它证明：在振动的壳体（高脚杯）旋转时，由于哥氏力的作用，壳体壁挠性振动主振型的自振频率发生裂解，导致驻波既相对高脚杯又相对惯性空间进动。

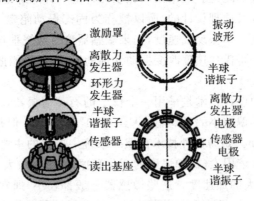

图 3.1.11　半球谐振陀螺结构示意图

图 3.1.11 给出了半球谐振陀螺的结构示意图，它包括激励罩、谐振子和读出基座 3 个部分。半球振子是敏感旋转的元件，它以一个小的间隙置于激励罩和读出基座之间。石英元件的表面全部金属化并在激励罩上形成一个环形电极（全角模式下）和 16 个等间距的分离激励

电极,同时在读出基座上形成 8 个等间距的读出电极,使半球振子和激励电极之间、半球振子和读出电极之间形成多个小电容,用于信号读出和谐振子的静电控制。半球谐振陀螺采用非晶体的熔融石英玻璃材料加工而成,具有非常稳定的物理化学特性,加工好的半球谐振品质因数可以达到 10^8 量级。

二、微机电系统振动陀螺

微机电系统(Micro – Electro – Mechanical System,MEMS) 在 20 世纪 80 年代随着硅微机械技术的发展而逐渐成长起来,是微电子平面加工技术和硅微机械加工技术发展结合的产物。硅微机械技术是近 20 年来兴起的新技术,它主要包括硅体微机械加工技术,表面微机械加工技术,键合技术,光刻、电铸及注塑(LIGA) 技术等。通过这些技术在硅片、玻璃等材料上制作尺度从毫米级到微米级的微传感器或执行器。MEMS 是将微传感器、微执行器和电路集成在一起的一种复杂系统。MEMS 具有体积小、质量轻、成本低、功耗低、可靠性高、适于批量化生产、易于集成和实现智能化的特点,同时对微机械的研究将会极大推动动力学、材料学、设计学、检测方法、控制理论、计算机技术、微加工技术等一大批相关学科的发展,因此 MEMS引起世界各国科学家的极大兴趣,并在各国政府的巨额经费投入的推动下得到迅猛发展。

目前设计和制作出高性能、高灵敏度的微机械结构已成为许多微机械器件实用化的关键。例如采用微细加工技术的音叉式微型振动陀螺(见图 3.1.12)、框架式微型振动陀螺(见图 3.1.13),微电容加速度传感器和微谐振梁压力传感器等,是具有微机械结构敏感元件机电一体化的一类微机械结构传感器。微机械结构传感器的敏感元件,不仅对其特征尺寸要求在几微米到几毫米大小,而且微机械结构动态性能需要满足高灵敏度和高稳定性要求。其中,微机械振动陀螺在角振动测量、机器控制、飞行器的姿态控制、机器人、车辆导航、医疗设备等领域被广泛应用;一般要求其最大测量范围应为 $\pm50\sim\pm500(°)/s$,阈值小于或等于 $0.01°/s$,分辨率小于或等于 $0.01°/s$,线性度小于或等于 0.5%,交叉耦合小于或等于 0.5%,零位漂移小于或等于 $0.5°/s$,MTBF 大于或等于 5 000h,工作温度为 $-40\sim85℃$。由此可见,对微机械陀螺结构的复杂性以及环境适应性的要求越来越高。在对微传感器测量精度、响应速度、稳定性提出更高要求的今天,对微机械陀螺结构动态性能解析法的研究是微机械研究中的一个极其重要课题,也是微机械发展的一个必然要求。微机械陀螺结构设计,已成为制约微电子机械系统实用化的一个关键技术。

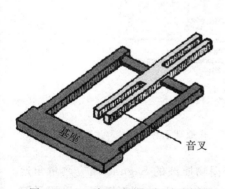

图 3.1.12　音叉式微型振动陀螺

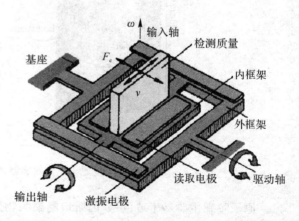

图 3.1.13　框架式微型振动陀螺

微机械陀螺有着广阔的应用前景,如短时工作的战术导弹、智能弹药的制导系统、轻小型飞机的自动控制系统、飞机机舱座和雷达稳定控制系统。此外,还可以拓展到许多民用领域,如汽车、机器人、消费类电子、油井钻探、生物医学器具和体育运动方面等等。例如在汽车工业中,微机械陀螺主要用于轿车安全系统。虽然同属惯性传感器的加速度计目前已用于气囊安全系统,但汽车对涉及旋转的事故信号无法提供即时响应,安全性得不到保障。因此将廉价的微机械陀螺用于汽车的安全系统已日益被人们所重视。此外,微机械陀螺应用在汽车上还可以提高驾驶的舒适性。

3.1.1.4 原子陀螺

原子和光子、中子一样,具有波粒二象性,利用其波动性,可以制成跟光学干涉仪类似的原子干涉仪。它是近 20 年发展起来的激光冷却与操控原子技术的一个重要应用。原子干涉仪能精确测量旋转角速度和线性加速度,从而用作原子陀螺、原子绝对重力仪和原子重力梯度仪,其短时灵敏度已超过目前的光学干涉仪,可以用作下一代高精度惯性敏感器。

原子惯性导航技术是以原子干涉技术为基础的高精度测量技术,通过重力场或者加速度场引起的原子干涉相位的变化进行重力、重力梯度和线加速度测量,通过原子干涉的 Sagnac 效应进行转动测量,具有很高的测量精度和灵敏度。原子惯性技术可以实现高精度的加速度、角速度、重力和重力梯度测量,可以应用于军用惯性定位系统,如飞机和潜艇的定位;也可以应用于空间飞行器的控制和导航。许多发达国家都将以冷原子干涉技术为核心的原子惯性传感技术视为下一代主导惯性技术,追求实现定位精度在 5m/h 的不依靠 GPS 的高精度军用惯性导航系统。目前,高精度的原子惯性器件已经从实验室研究逐步向实用化阶段转化,有望在 5 ~ 10 年内实际应用。与此同时,新一代的以原子芯片技术为代表的量子传感器也开始进行研究。图 3.1.14 所示为国外冷原子惯性敏感器试验样机及其工作原理示意图。

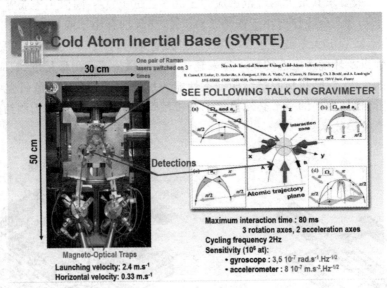

图 3.1.14 冷原子惯性敏感器试验样机及其工作原理示意图

原子陀螺主要基于玻色-爱因斯坦凝聚的物理特性,依据物质波的 Sagnac 效应测量角速率信息,其理论精度可达 10^{-12} (°)/h,远高于现有光学陀螺 10^{-4} (°)/h 的精度极限。以原子陀螺为代表的惯性系统不借助外部辅助信息就可以达到超高精度的导航水平,已经成为惯性技术领域的研究热点,欧美国家均制定了相应的研究计划,将其视为下一代核心惯性技术,如美国国防部先进计划署制定了以纯惯性导航精度优于 $5m/h$ 为目标的 PINS 研究计划,欧洲航天局制定了以验证广义相对论和空间飞行器导航为目标的 HYPER 研究计划。

随着激光冷原子技术的发展,实验室下原子陀螺的性能已经超越了目前最好陀螺的水平。原子陀螺根据工作原理可分为原子干涉陀螺和原子自旋陀螺。

一、原子干涉陀螺

借助原子冷却技术,获得波长更短的原子激光成为可能。原子激光的波长比光波短得多,利用原子激光就可制造出高灵敏度的原子陀螺。与光学陀螺中的 Sagnac 效应类似,在原子干涉仪环路中原子感受到科里奥利加速度,旋转引起的相移和旋转速度的关系表示为

$$\Delta\phi_{原子} = \frac{4\pi}{\lambda_{db}\upsilon}\Omega A \tag{3.1.25}$$

式中,λ_{db} 为德布洛意波长;υ 为原子速度;A 为干涉仪两条路径所围绕的面积;Ω 为旋转角速度。进一步可得

$$\Delta\phi_{原子} = \frac{\lambda c}{\lambda_{db}\upsilon}\left(\frac{4\pi}{\lambda c}\Omega A\right) = \frac{\lambda c}{\lambda_{db}\upsilon}\Delta\phi_{光子} \approx 10^{10}\Delta\phi_{光子} \tag{3.1.26}$$

式中,λ 为光波波长;c 为光波速度。

由于冷原子束速度 υ 远低于光速 c,所以使用原子波来替代光波,在相同的相位分辨率下,原子陀螺的相位计算精度是光学陀螺的 10^{10} 倍。

原子干涉陀螺利用原子波的干涉性进行角速率传感,其理论精度可达 $10^{-12}(°)/h$。原子干涉陀螺的研究起步较早,德国标准计量局在 1991 年观测到原子波 Sagnac 效应。美国斯坦福大学在 PINS 等计划的支持下利用热原子于 1997 年对其进行了原理验证,于 2006 年在几立方米内实现了漂移为 $6\times10^{-5}(°)/h$ 的导航级陀螺仪实验验证,在 2008 年利用冷原子在 $1m^3$ 内实现了漂移为 $0.01°/h$ 的实验验证,如图 3.1.15 所示。法国巴黎天文台在 HY-PER 计划的支持下于 2006 年在 $1m^3$ 内实现了世界上第一个冷原子干涉陀螺,如图 3.1.16 所示。

图 3.1.15 斯坦福大学冷原子干涉陀螺 　　图 3.1.16 巴黎天文台冷原子干涉陀螺

二、单束热原子干涉陀螺

1997 年,美国的 Gustavson T. L. 等人利用一束热原子(通常人们将原子炉喷射出来的原子称为热原子)实现了原子陀螺对地球旋转角速度的测量。图 3.1.17 即为他们当时所使用的

实验装置的简图。他们通过改变最后 $\pi/2$ 激光脉冲的相位差,实现了对干涉条纹的观测。在三对拉曼激光脉冲平行的条件下,其最大干涉条纹对比度达 20%。用标定过的地震仪和原子陀螺同时进行角速度测量,记录后者干涉条纹随此角速度的变化,获得条纹的信噪比达 400 : 1,相应的短时灵敏度为 $2 \times 10^{-8}(\text{rad} \cdot \text{s}^{-1})/\sqrt{\text{Hz}}$。2000 年 Gustavson T. L. 等人利用此原理,采用相向传播的两束热原子同时进行旋转角速度测量。在实现噪声共模抑制和补偿了由旋转引起的拉曼激光对 Doppler 频移后,将旋转角速度的短时灵敏度提高到 $6 \times 10^{-10}(\text{rad} \cdot \text{s}^{-1})/\sqrt{\text{Hz}}$,超过面积为 1m^2 的环形激光陀螺,这也是目前报道的原子干涉仪测量旋转角速度的最高精度。

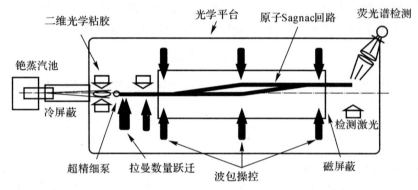

图 3.1.17　单束热原子干涉陀螺试验简图

三、原子自旋陀螺

原子自旋陀螺是利用碱金属原子的自旋进动进行角速率传感,敏感体积为 $\phi125\text{mm}$ 球体的原子自旋陀螺的理论精度可达 $10^{-8}(°)/\text{h}$。原子自旋陀螺基于 Lamor 定理:一定种类的具有自旋的原子核也具有磁矩,在外加磁场的作用下会沿着平行于外加磁场的方向以一定角速率进动,该频率称为 Lamor 频率。如果这种原子核自旋系统以一定角速率相对于惯性参考系转动,则测得的进动频率会产生变化,为 Lamor 频率和进动角速率之和。通过检测频率的变化就可以计算转动角速率。

美国普林斯顿大学在 2005 年实现了世界上第一个原子自旋陀螺的试验验证,其随机游走为 $2 \times 10^{-3}(°)/\text{h}^{1/2}$,长期漂移为 $0.04°/\text{h}$。图 3.1.18 所示为 2009 年搭建的第二代系统平台,提高了系统分辨率和长时稳定性,减小了系统体积。原子自旋陀螺依靠碱金属原子蒸气作敏感介质,只需要光泵浦源和光检测系统,不需要高真空环境,高精度和小体积是原子自旋陀螺一个重要发展方向。

微小化是原子陀螺重要的发展方向,其中芯片原子自旋陀螺的研究进展尤为突出,其同时具备了精度高和微型化的特点。图 3.1.19 为美国标准化研究院搭建的研究平台。据有关分析表明,芯片原子自旋陀螺的精度比现有光学陀螺和 MEMS 陀螺的精度具有数量级的提升。由于采用芯片加工工艺,芯片原子自旋陀螺还具有微型化和批量化生产的潜力,以及体积小、成本低和耐冲击等优点。

图 3.1.18　普林斯顿大学原子自旋陀螺　　图 3.1.19　美国芯片原子自旋陀螺研究平台

3.1.2　加速度计

顾名思义,加速度计是测量运载体线加速度的仪表。加速度计是惯性导航与惯性制导系统的又一类重要的敏感元件。它输出与载体的运动加速度成比例的信号。加速度(即速度的变化率)本身很难直接测量,实际上现有的加速度计都是借助敏感质量变成力进行间接测量的。加速度计测量原理基于牛顿第二定律:作用于物体上的力等于该物体的质量乘以加速度。换句话说,加速度作用在敏感质量上形成惯性力,通过测量该惯性力间接测量载体加速度。

在惯性空间,加速度计无法区分惯性力和万有引力。因此加速度计的输出反应的是单位敏感质量所受的惯性空间合力,即惯性力和万有引力之和。在惯性技术领域将单位敏感质量所受的力称为比力,加速度计的输出直接反映比力,因此加速度计也称比力传感器。若在运载体上安装加速度计用于惯性制导,当运载体运动变化时,加速度计可以敏感测量出运载体相对惯性空间的加速度,经过一次积分运算可得到运载体的相对惯性空间的速度,经过二次积分运算可得到运载体相对惯性空间的运动距离,从而进行导航和制导。

加速度计应当能测量出运载体可能产生的加速度,并应有一定的测量精度、不同对象的加速度变化差异很大,飞机、舰船、车辆等变化范围小,大约为 $0 \sim 2g$,火箭导弹类则可达到 $10g$ 以上。高精度的惯性导航和惯性制导系统对加速度计提出了高零位偏值稳定性和高输出线性度的要求,特别是运载火箭、导弹、制导炮弹等高动态运载器,要求有高的加速度测量范围。大量程和高精度是加速度计研制中的难点。减小摆锤支撑轴上的摩擦和电磁干扰力矩,是加速度计结构设计制造的关键。应用不同的支撑方法和结构原理,制造出了各种不同形式的加速度计。应用控制系统技术构成加速度计的闭环反馈控制回路,不仅扩大了加速度计的测量范围,提高了输出信号线性度,还有利于阻尼平滑各种干扰,对系统误差进行补偿,大大提高了加速度计的测量精度。按照不同的分类方法,加速度计可分为以下几种类型。

1)按检测惯性质量的运动方式,可分为线加速度计和摆式加速度计。

2)按支撑方式,可分为宝石支撑加速度计,挠性支撑加速度计,气体悬浮加速度计,液体悬浮加速度计,磁力支撑加速度计和静电支撑加速度计。

3)按检测方式是否需将所测加速度由输出端再反馈到输入端,可分为开环加速度计和闭环加速度计。开环加速度计不需要把输出量反馈到输入端,即对每一个被测量的加速度值,便有一个输出值与之对应。为了满足应用需要，开环加速度计必须精确校准，要求在工作中校准不发生变化。显然这类加速度计在测量环境变化时抗干扰能力较差，环境对精度有较大的影响，从而测量精度比较低。开环加速度计的优点是结构简单、成本低、易于维护。闭环加速度计又称为力反馈式加速度计，采用反馈原理，把输出反馈到输入端，通过不断地调整输出量使之与输入量逐渐接近相等，构成闭环系统。与开环加速度计相比，闭环加速度计在零件、组件相同的情况下，测量精度高，有较强的抗干扰能力。惯性导航系统中使用的加速度计都是闭环加速度计。

4）按输出是否带有积分装置，可分为输出不带积分装置加速度计和积分加速度计。

5）按加矩方式，可分为模拟加矩加速度计和脉冲加矩加速度计。

6）按使用信号传感器的类别，可分为电容式加速度计、半导体压阻式加速度计、电感式加速度计和电位器式加速度计等。

7）按工作原理，可分为振弦式加速度计、静电式加速度计和摆式陀螺加速度计等。

8）按活动系统的阻尼方式，可分为空气阻尼加速度计、液体阻尼加速度计、电磁阻尼加速度计和混合阻尼加速度计。

9）按精度高低，可分为高精度（高于 $10^{-4}g$）加速度计、中等精度（$10^{-4}g \sim 10^{-3}g$）加速度计以及低精度（低于 $10^{-3}g \sim 10^{-2}g$）加速度计。

10）按量限（输入极限），可分为高过载（可达 10^4g 以上）加速度计、大过载（$10^2g \sim 10^4g$）加速度计、中过载（$1g \sim 10^2g$）加速度计以及小过载（小于 $1g$）加速度计。

11）按输入加速度频率范围，可分为高频振动（10kHz 以上）加速度计、中频振动（10 $\sim$ 100kHz）加速度计以及低频缓变（100kHz 以下）加速度计。

随着惯性导航和惯性制导技术发展的需求，加速度计也不断发展完善。下面介绍几种典型的加速度计及工作原理。

3.1.2.1　检测质量加速度计

如图 3.1.20 所示为线性加速度计的力学基本模型。它由惯性检测质量（也称敏感质量）、支撑弹簧、位移传感器、阻尼器和仪表壳体组成。图中惯性检测质量借助弹簧支撑在仪表壳内，阻尼器一端也连接到表壳。敏感质量受到支撑的限制，只能沿敏感轴方向作线位移。当载体以加速度 a 沿图示方向运动时，敏感质量 m 的惯性力压缩弹簧，使之产生变形位移量 x。惯性力 ma 与弹簧的弹力 kx 大小相等，方向相反，故通过测量位移量 x 即可知加速度 a，即

$$a = kx/m \tag{3.1.27}$$

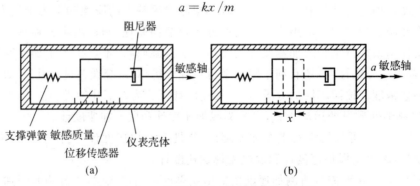

图 3.1.20　检测质量加速度计结构原理图

（a）力学基本模型；（b）工作状态示意图

3.1.2.2　液浮摆式加速度计

液浮摆式加速度计由不平衡质量的摆组件,浮子、信号器、力矩器、密封壳体组成。这种加速度计属摆式加速度计的一类。摆组件由检查质量、信号器的线圈(信号器的可动部分)、力矩器线圈(力矩器的可动部分)等组成,并用宝石轴承支撑在壳体上。实际运用时,运载体上需要安装 3 个输出轴相互垂直的加速度计,以分别敏感不同方向的加速度。当某一个方向产生加速度时,由于扭组件转动,使信号器产生电信号,而该电信号又反馈给力矩器,从而产生力矩。

为减小轴承上的摩擦力矩,使摆组件处于有温度控制的悬浮状态,通常支撑轴做得很细(如直径为 0.5mm),从而提高加速度计的测试灵敏度。由此可见,为得到高精度的加速度计,不仅要精心设计,而且还要具备高的加工工艺。液浮摆式加速度计的悬浮液体,不仅为摆组件提供了所需的浮力,而且提供了改善加速度计动态品质所需的阻尼。目前,常用氟油(聚三氟氯乙烯)或氟溴油等高密度油作为浮液。

如图 3.1.21 所示,液浮摆式加速度计的工作原理是:当仪表壳体沿输入轴作加速运动时,检测质量因惯性而绕输出轴转动,传感元件将这一转角变换为电信号,经放大后馈送到力矩器构成闭环。力矩器产生的反馈力矩与检测质量所受到的惯性力矩平衡。输送到力矩器中的电信号(电流的大小或单位时间内脉冲数)就被用来度量加速度的大小和方向。摆组件放在一个浮子内,浮液产生的浮力能卸除浮子摆组件对宝石轴承的负载,减小支承摩擦力矩,提高仪表的精度。

浮液不能起定轴作用,因此在高精度摆式加速度计中,同时还采用磁悬浮方法把已经卸荷的浮子摆组件悬浮在中心位置上,使它与支承脱离接触,进一步消除摩擦力矩。浮液的黏性对摆组件有阻尼作用,能减小动态误差,提高抗振动和抗冲击的能力。波纹管用来补偿浮液因温度而引起的体积变化。为了使浮液的密度、黏度基本保持不变,以保证仪表的性能稳定,一般要求有严格的温控装置。

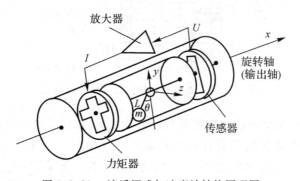

图 3.1.21　液浮摆式加速度计结构原理图

液浮式加速度计原理结构类似于液浮式陀螺仪。壳体内充有浮液,将浮筒悬浮。如图 3.1.22 所示,浮筒内相对旋转轴有一个失衡检验惯性(质量块 m),偏离旋转轴的距离为 L,敏感方向为图中的 z 方向。

当沿加速度计的输入轴(敏感方向)有加速度时,由于惯性的作用,惯性体绕旋转轴产生惯性力矩

$$M_a = L_m a \qquad (3.1.28)$$

惯性体在惯性力矩作用下，将绕旋转轴（输出轴）转动，惯性体绕输出轴相对壳体转动的角度 θ 由传感器敏感。

传感器输出与转动角度 θ 成比例的电压信号，即

$$U = k_u\theta \tag{3.1.29}$$

式中，k_u 为传感器的传递系数。

传感器电压输入放大器，放大器输出与输出电压成比例的电流信号，即

$$I = k_i U \tag{3.1.30}$$

式中，k_i 为放大器的放大系数。放大器输出的电流信号输入给力矩器，产生与电流成比例的力矩，则

$$M_k = k_m I = k_m k_i k_u \theta \tag{3.1.31}$$

式中，k_m 为力矩器的放大系数。

这一力矩绕输出轴作用在惯性体上。在稳态时，它与输入加速度后惯性体产生的力矩相平衡，即 M_k 与 M_a 大小相等、方向相反。在闭环加速度计中，力矩器是一个重要元件。力矩器的输入量是电压或电流，而输出量是同输入量成正比的力或力矩，这种情况就像一般电动机。对于要求线性度高的加速度计，需要进行温度控制。温度控制精度一般在 $0.5 \sim 1℃$。舰船惯性导航系统常采用这种加速度计。

3.1.2.3 石英挠性加速度计

挠性加速度计是一种闭环摆式加速度计，其特点是摆组件用挠性杆支撑，石英挠性加速度计结构原理图如图 3.1.22 所示。

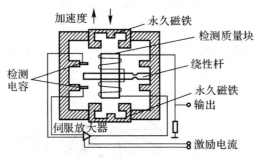

图 3.1.22 石英挠性加速度计结构原理图

挠性杆是由弹性金属材料或非金属材料石英做成的，在材料相应部件加工出两个圆弧，如图 3.1.23 所示，两圆弧最薄处仅有百分之几毫米。这种机构是挠性杆沿加速度输入方向（如图 3.1.23 所示的 y 轴方向）很细，因而容易弯曲，而挠性杆的侧向抗弯强度大，不容易弯曲。信号器是电容式传感器，它利用磁钢表面与摆组件两端构成两个检查电容。它的测量原理与摆式加速度计的相似，当沿敏感轴方向有加速度输入时，惯性力对挠性杆细径处形成惯性力矩，摆组件绕细径处转动。在摆组件偏转时，由磁钢表面与摆组件两端面构成两个检测电容，一侧电容增大，另一侧电容量减小，两个电容的变化被检测电容检测到后经伺服放大送给力矩器线圈，力矩器线圈产生电磁力矩，该电磁力矩与摆性力矩相平衡。与加速度成比例的信号也同液浮

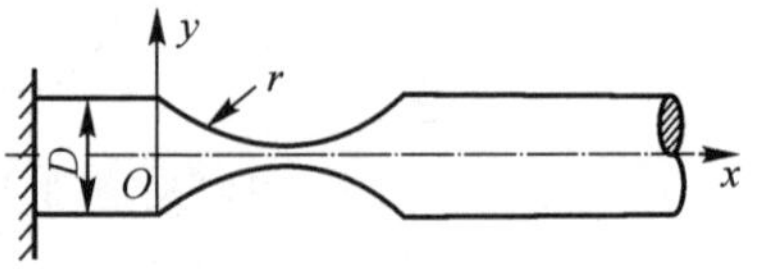

图 3.1.23 圆柱形挠性支撑

摆式加速度计的一样,在力矩器线圈回路中串联一个标准电阻(已知确定的电阻值),测量电阻上的电压即可获得加矩电流。由于挠性加速度计用挠性杆支撑,因此没有支撑摩擦力矩,有利于提高加速度计精度;加速度计内无浮子,摆组件体积小,相对简单,制造、维修成本低;对稳定控制要求也低。它是目前飞机惯性导航中主要采用的加速度计,特别是以石英为挠性杆材料的加速度计得到迅速发展和应用。

采用挠性支承的摆式加速度计。摆组件用两根挠性杆与仪表壳体连接。挠性杆绕输出轴的弯曲刚度很低,而其他方向的刚度很高。这种系统有一高增益的伺服放大器,使摆组件始终工作在零位附近。这样挠性杆的弯曲很小,引入的弹性力矩也微小,因此仪表能达到很高的精度。这类加速度计有充油式和干式两种。充油式的内部充以高黏性液体作为阻尼液体,可改善仪表动态特性和提高抗振动、抗冲击能力。干式加速度计采用电磁阻尼或空气膜阻尼,便于小型化、降低成本和缩短启动时间,但精度比充油式低。

挠性摆式加速度计与液浮加速度计的主要区别在于它的摆组件不是悬浮在液体中,而是弹性地连接在挠性支承上,挠性支承消除了轴承的摩擦力矩。摆组件的一端通过挠性支承固定在加速度计的壳体上,另一端可相对输出轴转动,传感器线圈和力矩器线圈固定在壳体上。

挠性摆式加速度计的工作原理与液浮摆式加速度计相类似,同样是由力矩再平衡回路所产生的力矩来平衡加速度所引起的惯性力矩。但为了抑制交叉耦合误差,力矩再平衡回路必须是高增益的,所以,挠性加速度计装配有一个高增益伺服放大器,使摆组件始终工作在极小的偏角范围内(在零位附近),挠性杆变形小,引入的弹性力矩也微小,因此仪表能达到很高的精度。

3.1.2.4　摆式积分陀螺加速度计

摆式积分陀螺加速度计是应用陀螺的进动特性制成的用以检测加速度计的精密仪表。陀螺主轴和内环轴水平安置,与外环轴垂直。陀螺的质量中心有意偏开支架的中心形成一个摆。测量加速度的输入轴是沿陀螺的自转轴。垂直的外环轴是加速度计的输出轴。内外环轴的两侧都各安装有角度信号传感器和力矩器。当没有加速度输入时,陀螺主轴稳定在平衡位置。摆锤受重力 mg 作用垂直向下,沿垂直轴不产生影响陀螺进动的力矩。沿垂直轴的运载体加速度与重力加速度一样,不起作用。运载体沿内环轴方向的加速度产生惯性力矩是沿着陀螺动量矩 H 的方向,陀螺不受影响,摆产生的惯性力矩由框架支撑的反作用力矩相平衡。

当沿输入轴有加速度作用时,惯性力 $F = ma$ 作用在摆锤上,摆锤偏离支撑中心,则产生惯性力矩 $M_1 = mal$,作用于内轴。根据陀螺的特性,惯性力矩 M_1 作用在陀螺的内环轴上,陀螺漂移不会绕内环轴转动而绕外环轴进动,进动角速度 $\dot{\theta} = \dfrac{mla}{H}$,进动角 θ 可被外环轴即输出轴上的信号器敏感到,敏感信号的大小就是加速度 a 的积分,所以这种加速度计称为摆式积分陀螺加速度计。

如果把输出轴上的角度信号传感器输出的信号经放大反馈到内环轴上的力矩器里,产生电磁力矩 M_E,当 M_E 大小正好与惯性力矩大小相等、方向相反时,陀螺就不再进动,这就是与摆式加速度计一样的力反馈平衡工作方式。反馈的电流即测量值经过积分,也可以得到速度。应用闭环反馈回路就可稳定输入轴的方向不变,避免输入轴方向偏转带来的误差。在陀螺的内外框架上,力矩器还有使加速度计稳定在导航坐标系中的作用,对陀螺施加跟踪力矩,可以保持加速度计的准确取向。内外框架轴上的力矩器还有一个十分重要的作用,就是补偿各种干扰力矩,提高加速度计的精度。陀螺加速度计结构复杂,为了提高加速度计的精度,就必须减小陀螺的漂移,液体悬浮、磁悬浮等技术都应用于陀螺加速度计。陀螺加速度计精度高,测量范围大,能够承受高过载的冲击,是战略武器制导系统应用的重要惯性仪表。

利用自转轴上具有一定摆性的双自由度陀螺仪来测量加速度的仪表。陀螺转子的质心偏离内环轴,形成摆性。如果转子不转动,陀螺组件部分基本上是一个摆式加速度计。当沿输入轴(即陀螺外环轴)有加速度作用时,摆绕输出轴(即内环轴)转动,使轴上的角度传感器输出信号,经放大后馈送到外环轴力矩电机,迫使陀螺组件绕外环轴移动,在内环轴上产生一个陀螺力矩。它与惯性力矩平衡,使角度传感器保持在零位附近。陀螺组件绕外环轴转动的角速度正比于输入加速度,转动角度的大小就是输入加速度的积分,即速度值。通常在外环轴上安装一个脉冲输出装置,用以得到加速度计测量的加速度和速度信息:脉冲频率表示加速度;脉冲总数表示速度。这种加速度计靠陀螺力矩来平衡惯性力矩,它能在很大的量程内保持较高的测量精度,但结构复杂、体积较大、价格较贵。

3.1.2.5 谐振式加速度计

谐振式加速度计包括振弦式加速度计和振梁式加速度计。

中国的胡琴、西洋的提琴等各种弦乐器,在演奏家演奏下发出美妙动听的声音。一根弦之所以能发出不同的声音,是因为弦张弛的程度不同,所以振动频率不同,不同的频率发出不同的声音。基于这一原理,人们制作出振弦式加速度计,当敏感加速度 a 时,惯性力作用在振弦上,振弦的张弛程度发生变化,振动频率也发生变化,测量频率的变化,就可以测出加速度。

振弦式加速度计有非常突出的优点,它结构非常简单,没有加工精度要求非常高的紧密零部件;驱动振弦谐振的功率非常小,不需要反馈控制回路;频率的测量和转换成的数字量都有成熟的技术和器件,使用非常方便。振弦加速度计的弦非常细,弦线矩形截面只有 0.02mm 厚、0.1mm 宽,强度比较低。振弦式加速度计的测量精度高,输出灵敏度高,已经得到实际应用。

与振弦式加速度计工作原理相似的是振梁式加速度计。振梁式加速度计用一石英晶体片做悬臂梁,悬臂梁有固有的谐振频率 f,当敏感加速度 a 时,惯性力作用在悬臂梁上,悬臂梁受力改变谐振频率,测量频率变化,就可以测出加速度。

振梁型加速度计比振弦型加速度计强度要高得多,能承受更高的过载,更结实、可靠,但灵敏度和精度要比振弦型加速度计差一点。

3.1.2.6 静电加速度计

图 3.1.24 为静电加速度计原理结构图,图中所示为静电加速度计的球形金属转子(不旋转),在对称方向配置了一对球面电极,球形转子与球面电极之间的间隙很小。球面电极接通高电压,将在电机与转子之间形成电场强度很高而且均匀的静电场。若电极为正,则静电感应式转子对应表面带负电。由于正电荷与负电荷相互吸引作用,产生了静电吸力,如图 3.1.24(b)所示的 F_1 和 F_2。若电极为负,则静电感应使转子对应表面带正电。由于正电荷与负电荷的相互吸引作用,也会产生静电吸力。

如果加速度计上作用图 3.1.24(a)所示的加速度,在球形转子上产生图 3.1.24(a)所示的惯性力,在惯性力的作用下,球形转子向右移动,使左侧的间隙变大,右侧的间隙变小。间隙变大一侧电极上的吸引力变小,间隙变小一侧的吸引力变大,为此,增大在间隙变大一侧电极上施加的电压,从而增大该侧的静电吸力,以把球形转子拉回到中间位置。这是一个闭合反馈过程,加速度产生的惯性力引起球形转子的位移改变,进而引起支撑电压改变,产生一个支撑力 ΔF,以平衡惯性力 ma 使球形转子回到零位。检测出支撑电压改变值就会得出加速度。支撑电压可在一个闭合的支撑回路中提取。要想把整个球形转子支撑在球面电极空间,须在球形转子 3 个正交方向配置 3 对球面电极,构成一个支撑系统。

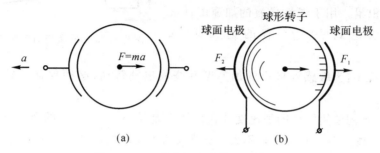

图 3.1.24　静电加速度计原理结构图

3.1.2.7　光纤加速度计

测量使质量加速的力的光纤敏感器已经成功地被制造出来。仪表的加速度在光纤中引起微弯曲,从而导致光纤中光功率的强度调制。控制光纤的刚性和质量块的大小能够影响加速度计的量程和灵敏度。这种类型的加速度计线性范围宽,非常坚固,但目前仅适合测量振动。

3.1.2.8　硅微型加速度计

硅微型加速度计是一类重要的微型惯性器件。硅微型加速度计主要用来测量运载体的加速度,并且可以通过积分提供速度和位移的信息。硅微型加速度计还可以和硅微型陀螺组合,构成微型惯性测量组合,用于战术武器智能炮弹的制导系统、微小型卫星的测控系统以及汽车、机器人等的测控系统。微机械加速度计有很多种分类方法。按惯性检测质量的运动方式分,有微型线加速度计和微型摆式加速度计。按有无反馈信号分,有微型开环加速度计、微型闭环加速度计和微型隧道电流式加速度计。按加工工艺分,有机械表面工艺加速度计、微机械工艺加速度计和 X 射线光刻(LIGA)机械工艺加速度计。按照结构形式分,有梳齿式微机械加速度计、"跷跷板"式微机械加速度计和"三明治"式微机械式加速度计,以及双轴微机械加速度计和三轴微机械加速度计。

硅微型加速度计具有与如前所述微机械式陀螺一样的优点。另外,传统的加速度计,由于检测质量较大,不能够测量高 g 值的加速度,而硅微加速度计检测质量小,可检测高 g 值的加速度。

硅微型加速度计感测加速度的原理与一般的加速度计相同。微机械加速度计分为压阻式、电容式、静电力平衡式和石英振梁式。

硅制检测质量由单挠性臂或双挠性臂支撑,在挠性臂处采用离子注入法形成压敏电阻。如图 3.1.25 所示,当有加速度 a 输入时,检测质量受惯性力 F 作用产生偏转,并在挠性臂上产生应力,使压敏电阻的电阻值发生变化,从而提供一个正比于输入加速度的输出信号。

电容式微加速度计就是在图 3.1.25 所示的检测质量下面设置一读取电极。当加速度输入使检测质量偏转时,由读取电极与检测质量所构成电容器的电容量发生变化,从而提供一个正比于输入加速度的输出信号。

由于加速度测量的精度直接影响惯性导航系统的精度,惯性导航系统对加速度计的要求包括:

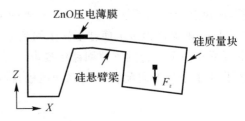

图 3.1.25　硅微型加速度计原理结构图

1) 灵敏限小:灵敏限以下的值不能被测量到,因此其本身就是误差,而且形成的速度误差和位置误差会随时间积累。用于惯性导航的加速度计灵敏限必须要求达到 $10^{-5}g$,有的达到 $10^{-7}g$ 或 $10^{-8}g$。

2) 摩擦干扰小:为敏感到极小的加速度并绕输出轴转动,必须保证转轴中的摩擦力矩很小。

3) 量程大:不同使用场合的加速度计在性能上差异很大,高精度的惯性导航系统要求加速度计的分辨率高达 $10^{-9}g$,但量程不大。通常飞机上要求加速度的测量范围为 $10^{-5}g \sim 6g$,最大 $12g$ 甚至 $20g$,导弹上要求的加速度测量范围还要更大。

3.1.2.9　原子加速度计

在重力作用下,竖直向上发射的原子将下落,在此过程中再用拉曼激光脉冲与之作用,也将形成干涉条纹。在一定条件下,干涉仪两臂间相位差与重力加速度成正比。基于该原理,2001 年,Peters A. 在实验室条件下实现重力加速度测量,其精度达 $2 \times 10^{-8}g/\sqrt{\mathrm{Hz}}$。除了可以直接测量绝对重力加速度外,还可测量单位距离的相对重力加速度 —— 重力梯度。原子重力梯度仪就是在相同的惯性参考坐标系下测量两不同位置绝对重力加速度之差,然后除以两位置的距离,而将其他非惯性加速度作为共模噪声加以抑制。最简单的原子重力梯度仪是由相隔一定距离的使用相同的拉曼激光脉冲参与作用的两个原子绝对重力仪构成,如图 3.1.26 所示,图中箭头代表相向传播的 MOT 冷却激光,两黑点代表囚禁的原子,a_p 表示试验平台加速度。2002 年,McGuirk J. M. 等人实现原子干涉仪重力梯度测量,其精度为 $4 \times 10^{-9}(g \cdot \mathrm{m}^{-1})/\sqrt{\mathrm{Hz}}$,这也是目前实验室条件下重力梯度测量最高精度。

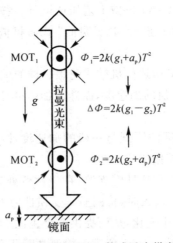

图 3.1.26　两磁光阱(MOT)构成重力梯度仪原理图

3.1.3　平台惯性导航

图 3.1.27 所示为一种典型的陀螺稳定平台结构原理图。陀螺稳定平台一般为内装式三框架平台结构,其结构组成包括台体组件、内框架组件、外框架组件、平台基座等,台体组件、内框架组件、外框架组件分别构成 3 个稳定控制回路,平台在完成初始对准后,该 3 个稳定回路在稳定系统的作用下相对惯性空间始终保持不变,这样就为惯性测量元件建立起了一个相对惯性空间保持方位不变的测量基准,正交安装于台体组件上的 3 个加速度表分别敏感航行器相对惯性空间的 3 个正交方向的加速度。平台 3 个轴上的角度传感器分别敏感航行器沿 3 个轴向的姿态角。即陀螺稳定平台实现如下三方面的功能:① 为航行器建立惯性坐标系,为测量航行器在航行中的加速度和姿态角提供惯性基准;② 测量航行器在航行过程中沿惯性坐标系 3 个轴方向的视加速度;③ 测量航行器相对于惯性坐标系的姿态角信号。

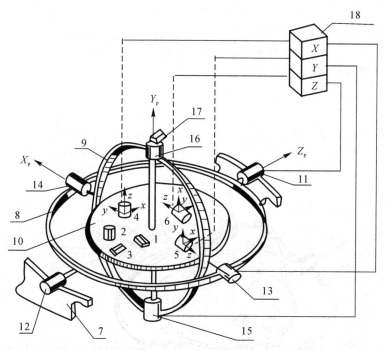

图 3.1.27　陀螺稳定平台结构原理图

1—X 方向加速度表;　2—Y 方向加速度表;　3—Z 方向加速度表;　4—X 方向陀螺仪;　5—Y 方向陀螺仪;
6—Z 方向陀螺仪;　7—基座;　8—外框;　9—内框;　10—台体;　11—外框轴力矩马达;　12—框架角传感器;
13—内框轴力矩马达;　14—框架角传感器;　15—台体轴力矩马达;　16—框架角传感器;　17—棱镜;　18—稳定放大器

在惯性平台导航中,惯性器件不是直接固连在弹体上,而是集中组装在一个稳定平台上,由台体上所装的 3 个单自由度陀螺仪或 2 个二自由度陀螺仪将台体稳定在惯性空间。3 个加速度计通常正交安装在台体上。台体通过平台框架与航行器姿态运动隔离。

平台称惯性测量装置。航行器运动前平台上加速度计敏感轴方向要与运动起点惯性坐标系 3 个轴的方向初始对准,在航行过程中,平台 3 个轴相对惯性空间保持不变,安装于平台台体 3 个加速度计测出沿惯性坐标系 3 个轴向的视加速度,平台 3 个轴的姿态角传感器测出航行器沿 3 个轴向的姿态角。

1. 平台稳定系统工作原理

平台稳定回路的任务是控制平台台体不受基座干扰,而能在惯性空间保持方向稳定。如图 3.1.28 所示,假设基座处于静止状态,基座的 OZ_p 轴处于水平位置。设在初始状态下,台体坐标系的 X_p,Y_p,Z_p 分别与框架轴内环轴、台体轴和外环轴对应重合,即 3 个姿态角传感器均处于零位。当 OZ_p 轴上有干扰力矩 M_{fz} 作用时,外框架将带动内框架和台体一起绕该轴转动,使台体产生一相对于惯性坐标系的角速度 $\dot{\alpha}_z$。Z 向陀螺仪敏感到这一角速度时,其浮子将绕输出轴进动,产生进动角速度 $\dot{\beta}^{(z)}$。这样,一方面按进动原理,陀螺仪将有一个陀螺力矩 $H\dot{\beta}^{(z)}$ 作用到 OZ_p 轴上,指向 OZ_p 负端,平衡掉一部分干扰力矩;另一方面,随着浮子相对陀螺仪壳体的 $\beta^{(z)}$ 角的增长,陀螺仪的信号传感器产生与 $\beta^{(z)}$ 角成比例的电压信号,经过放大和变换,加到力矩电机 T_z 上。力矩电机输出力矩 M_{dz},其方向也与 M_{fz} 相反,最终达到稳定状态。当处于稳态时,有

$$M_{dz} = K_{oz}\beta^{(z)} = M_{fz} \tag{3.1.32}$$

$$\beta^{(z)}(0) = \frac{M_{fz}}{K_{oz}}, \quad \dot{\beta}^{(z)} = 0 \text{(设网络无纯积分环节)}$$

式中,K_{oz} 为 Z 回路的增益。

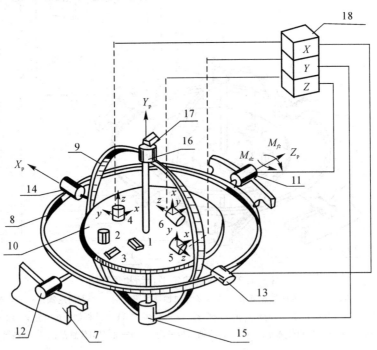

图 3.1.28　平台稳定系统工作原理示意图

当平台台体受到稳定轴的干扰力矩作用时,由于反馈力矩的平衡作用,台体不会绕稳定轴转动,但陀螺仪转子需付出绕输出轴转过 $\beta^{(z)}$ 的代价,在干扰力矩 M_{fz} 消失后,平台处在电机力矩 M_{dz} 的作用下,陀螺转子将绕输出轴向相反方向进动,使 $\beta^{(z)}$ 角逐渐减小,因此,力矩电机 M_{dz} 也逐渐减小直至归零。

同理,在 Y 回路和 X 回路的作用下,可消除 OY_p 轴和 OX_p 轴上干扰力矩对平台的影响,从而使平台保持绕 OY_p 轴和 OX_p 轴的稳定。

这样,就实现了在 3 条稳定回路的作用下,平台在惯性空间的稳定。这 3 条稳定回路的电路连接是彼此独立的,但由于它们装在同一台体上,在力学上不可避免地产生相互影响。因此,在平台 3 个轴上同时有干扰力矩作用时,则 3 条回路之间将产生耦合,使各轴的运动相互影响。

2.调平回路工作原理

平台系统的调平是利用平台水平方向的陀螺仪和加速度计,即用 X 陀螺与 Z 加速度计组合、Z 陀螺与 X 加速度计组合,分别构成两条自主调平回路,实现调平功能。

如图 3.1.29 所示,当平台台体坐标系 OX_pZ_p 平面和当地水平面 OXZ 不平行时,$X(Z)$ 加速度计将感受到重力分量 a,输出与此重力分量成比例的直流信号,该电流经电子积分器积分变为直流电压,经过电压频率变换电路,送入标(定)调(平)瞄(准)计算机。在初始调平时,标调瞄计算机控制调宽脉冲加矩电路采用大加矩电流施加于 $Z(X)$ 陀螺力矩器,使陀螺组件绕输出轴快速运动,使 $Z(X)$ 稳定回路工作,驱动平台以最大的角速度转动,达到快速调平的目的。当接近水平时,转换到小加矩的脉冲调制方式,进行精调平,直到 $OX_p(OZ_p)$ 轴进入当地水平面内,两路通道共同作用使平台台体坐标系 OX_pZ_p 平面和当地水平面平行。该调平系统,可以实现通过平台 X,Y,Z 3 个轴中,任意两轴的调平。

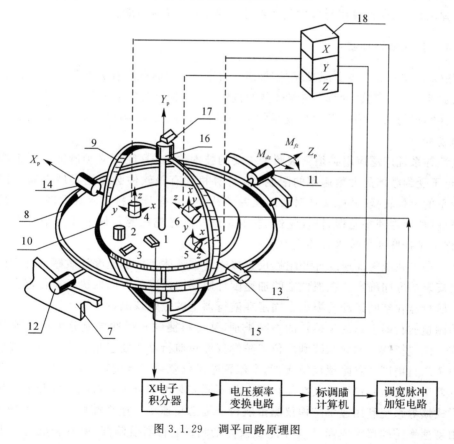

图 3.1.29 调平回路原理图

3.弹体姿态角测量原理

在飞行过程中,由于干扰力矩的作用,导弹绕弹体坐标系 3 个轴转动,可能出现姿态角偏差。为了使导弹稳定飞行,由姿态角测量回路测出姿态偏差角,然后经综合放大器进行变换放大,驱动伺服机构消除姿态角偏差。

平台的3个框架角传感器输出的框架角信号,经弹载计算机中的角度／数值转换(RDC)电路转换成数字信号,再由计算机进行坐标转换,将平台框架角信号变为弹体姿态角信号。弹体姿态角信号送入姿态控制系统,控制导弹稳定飞行。

4. 平台系统导航原理

视加速度测量系统用于测量导弹沿惯性坐标系3个轴向运动的视加速度,并以数字脉冲的形式输入到弹载计算机。视加速度测量系统由完全相同的 X,Y 和 Z 3个加速度测量回路组成。每个加速度测量回路包括两个部分,一部分是加速度计;另一部分是模数转换装置。

加速度计用于测量导弹运动的加速度,并将测量结果转换为直流电流输出。当沿加速度计的输入轴有加速度 a_1 输入作用时,加速度计的摆组件在惯性力作用下发生偏转,使得差动电容传感器的电容值发生变化,内部伺服电路检测这一变化,将其变换为相应的输出电流 I,并反馈给力矩器。输出电流 I 的大小与输入加速度 成正比。

模数转换装置用于将加速度计输出的模拟电流信号,变换为弹载计算机可以处理的数字脉冲信号,计算机根据对采集的加速度进行积分,一次积分可得到导弹的飞行速度,二次积分可得到导弹的位置,即计算出导弹的运动状态参数,实现导航功能。

3.1.4　捷联惯性导航

"捷联(strapdown)"英文原义就是"捆绑"的意思。"捷联惯性系统"就是将惯性敏感元件(陀螺、加速度计)直接"捆绑"在航行器的机体上,完成导航任务的系统。捷联惯导系统用计算机软件实现的"数学平台"取代复杂的机械平台,因此又称"数学平台"。它大大降低了惯导系统的成本。

捷联惯导系统广泛应用必须突破两个主要的技术关键:① 陀螺必须既能获得低漂移率特性,又不至于受到载体的大角速率的限制;② 计算机和有关软件必须能实现由航行器到某一导航坐标系的坐标转换,并能实现对系统误差的补偿。由于计算机技术的发展,以及捷联敏感元件的进展(如液浮速率陀螺、挠性陀螺、静电陀螺及激光陀螺等),使上述两个技术关键得到了突破,促进了捷联惯导技术日趋成熟。

捷联式惯导系统将加速度计和陀螺仪直接固连在弹体上。加速度计敏感轴的方向由它在航行器上安装的方向确定。在惯性空间加速度计敏感加速度的方向取决于航行器在空间运动的姿态。航行器在空间运动的姿态由固定在航行器上的陀螺仪测量。

按照测量航行器姿态的陀螺仪的不同类别,又可将捷联式惯性导航分为位置捷联式与速率捷联式。位置捷联式惯导系统利用位置陀螺仪测量航行器的姿态角。位置捷联式惯导系统通常由两个二自由度位置陀螺仪组成,两个位置陀螺仪就可以测量航行器的俯仰、偏航和滚动姿态角。两个位置陀螺仪按照其在航行器上的不同安装方向分为垂直陀螺仪和水平陀螺仪。速率捷联式惯导系统利用速率陀螺仪测量航行器姿态角速率。速率捷联式惯导系统通常由3个单自由度速率陀螺仪构成,3个速率陀螺仪分别测量航行器沿俯仰、偏航和滚动3个方向的姿态角速率。

捷联导航的惯性器件直接固连在航行器机体上。3个加速度计沿航行器坐标系各轴向安装,只能测量沿航行器坐标系各轴向的视加速度,用于导航需要将航行器坐标系内的加速度转换到惯性坐标系。实现由航行器坐标系到惯性坐标系的坐标转换矩阵称为捷联矩阵。捷联矩阵有两个作用:一是可用它来实现坐标转换,将沿航行器坐标系安装的加速度计测量的视加速度转换到惯性坐标系上;二是速率捷联惯导系统利用固连在航行器3个轴向上的3个速率陀螺测量航行器沿3个轴向的瞬时角速度,通过捷联矩阵变换,求得航行器的姿态角。

3.1.4.1 坐标系及坐标转换

导航一般在惯性坐标系上,而捷联导航系统的惯性器件直接固连在航行器机体上,机体坐标系是随机体的运动而变化的,因此,在捷联导航系统中首先需要将机体坐标系中获得的测量结果转换到惯性坐标系中。完成这一目的的方法有3种,即欧拉角法、四元素法和方向余弦法,其中前两种方法应用更广泛一些,因而下面主要介绍坐标系转换的欧拉角法和四元素法。

一、坐标转换的欧拉角描述法

在开始航行前,描述航行器运动的惯性坐标系和机体坐标系是重合的,在航行器运动起来后,会存在运动姿态,分别以 φ,ψ,γ 表示,此时,机体坐标系变为 $x_1 y_1 z_1$,如图 3.1.30 所示。

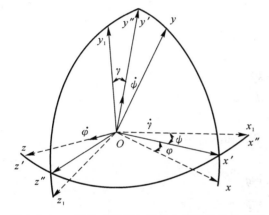

图 3.1.30 机体坐标系与惯性坐标系转换关系图

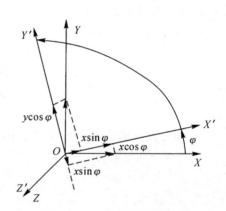

图 3.1.31 坐标转换关系图

机体坐标系 $x_1 y_1 z_1$ 是惯性坐标系经过 3 次旋转形成的新坐标系。

第一次旋转(见图 3.1.31):绕 z 轴转过 φ,得 $x'y'z'$,有

$$x' = x\cos\varphi + y\sin\varphi \tag{3.1.33}$$

$$y' = -x\sin\varphi + y\cos\varphi \tag{3.1.34}$$

$$z' = z \tag{3.1.35}$$

$$\begin{bmatrix} x' \\ y' \\ z' \end{bmatrix} = \begin{bmatrix} \cos\varphi & \sin\varphi & 0 \\ -\sin\varphi & \cos\varphi & 0 \\ 0 & 0 & 1 \end{bmatrix} \begin{bmatrix} x \\ y \\ z \end{bmatrix} \tag{3.1.36}$$

第二次旋转:绕 y' 轴转过 ψ,得 $x''y''z''$。

$$\begin{bmatrix} x'' \\ y'' \\ z'' \end{bmatrix} = \begin{bmatrix} \cos\psi & 0 & -\sin\psi \\ 0 & 1 & 0 \\ \sin\psi & 0 & \cos\psi \end{bmatrix} \begin{bmatrix} x' \\ y' \\ z' \end{bmatrix} \tag{3.1.37}$$

第三次旋转:绕 x'' 轴转过 γ,得 $x_1 y_1 z_1$(机体坐标系的实际位置)。

$$\begin{bmatrix} x_1 \\ y_1 \\ z_1 \end{bmatrix} = \begin{bmatrix} 1 & 0 & 0 \\ 0 & \cos\gamma & \sin\gamma \\ 0 & -\sin\gamma & \cos\gamma \end{bmatrix} \begin{bmatrix} x'' \\ y'' \\ z'' \end{bmatrix} \qquad (3.1.38)$$

综合上述结果，可以得到从参考坐标系到刚体坐标系的变换方程为

$$\begin{bmatrix} x_1 \\ y_1 \\ z_1 \end{bmatrix} = \begin{bmatrix} \cos\psi\cos\varphi & \cos\psi\sin\varphi & -\sin\psi \\ \sin\gamma\sin\psi\cos\varphi - \cos\gamma\sin\varphi & \sin\gamma\sin\psi\sin\varphi + \cos\gamma\cos\varphi & \sin\gamma\cos\psi \\ \cos\gamma\sin\psi\cos\varphi + \sin\gamma\sin\varphi & \cos\gamma\sin\psi\sin\varphi - \sin\gamma\cos\varphi & \cos\gamma\cos\psi \end{bmatrix} \begin{bmatrix} x \\ y \\ z \end{bmatrix}$$

$$(3.1.39)$$

二、坐标转换的四元数描述法

1. 四元数的定义

定义 $Q = q_0 + q_1 \boldsymbol{i} + q_2 \boldsymbol{j} + q_3 \boldsymbol{k}$ 或 $Q = [q_0, q_1, q_2, q_3]^\mathrm{T}$ 为四元数或超复数，$\boldsymbol{i}, \boldsymbol{j}, \boldsymbol{k}$ 为单位矢量（具有虚数性质），q_0, q_1, q_2, q_3 均为实数，即四元数是由 1 个单位实数和 3 个虚数单位组成的数。

2. 四元数的运算法则

1）四元数相乘：顺时针相乘为正，逆时针相乘为负，即

$$\boldsymbol{ij} = \boldsymbol{k} = -\boldsymbol{ji}$$
$$\boldsymbol{jk} = \boldsymbol{i} = -\boldsymbol{kj}$$
$$\boldsymbol{ki} = \boldsymbol{j} = -\boldsymbol{ik}$$
$$\boldsymbol{i}^2 = \boldsymbol{j}^2 = \boldsymbol{k}^2 = -1$$

2）四元数的加法运算法则：加法运算适合交换率和结合率。

设有两个四元数为

$$Q = q_0 + \boldsymbol{q}$$
$$P = q_0 + \boldsymbol{p}$$

则

$$Q + P = P + Q$$

3）四元数的乘法运算法则：乘法适合结合率、分配率，但不适合交换率。

若有两个四元数为

$$Q = q_0 + \boldsymbol{i}q_1 + \boldsymbol{j}q_2 + \boldsymbol{k}q_3 = q_0 + \boldsymbol{q}$$
$$P = p_0 + \boldsymbol{i}p_1 + \boldsymbol{j}p_2 + \boldsymbol{k}p_3 = p_0 + \boldsymbol{p}$$

则

$$Q * P = (q_0 + \boldsymbol{i}q_1 + \boldsymbol{j}q_2 + \boldsymbol{k}q_3)(p_0 + \boldsymbol{i}p_1 + \boldsymbol{j}p_2 + \boldsymbol{k}p_3) = q_0 p_0 - (\boldsymbol{p} \cdot \boldsymbol{q}) + \boldsymbol{q}p_0 + q_0\boldsymbol{p} + (\boldsymbol{q} \times \boldsymbol{p})$$

而

$$P * Q = p_0 q_0 - (\boldsymbol{q} \cdot \boldsymbol{p}) + \boldsymbol{p}q_0 + p_0\boldsymbol{q} + (\boldsymbol{p} \times \boldsymbol{q})$$

由于

$$(\boldsymbol{p} \times \boldsymbol{q}) \neq (\boldsymbol{q} \times \boldsymbol{p})$$

所以

$$Q * P \neq P * Q$$

四元数乘积的矩阵形式表示为

$$Q * P = \begin{bmatrix} q_0 & -q_1 & -q_2 & -q_3 \\ q_1 & q_0 & -q_3 & q_2 \\ q_2 & q_3 & q_0 & -q_1 \\ q_3 & -q_2 & q_1 & q_0 \end{bmatrix} \begin{bmatrix} p_0 \\ p_1 \\ p_2 \\ p_3 \end{bmatrix} = \begin{bmatrix} p_0 & -p_1 & -p_2 & -p_3 \\ p_1 & p_0 & p_3 & -p_2 \\ p_2 & -p_3 & p_0 & p_1 \\ p_3 & p_2 & -p_1 & p_0 \end{bmatrix} \begin{bmatrix} q_0 \\ q_1 \\ q_2 \\ q_3 \end{bmatrix}$$

其中矩阵

$$\mathbf{V}(q) = \begin{bmatrix} q_0 & -q_3 & q_2 \\ q_3 & q_0 & -q_1 \\ -q_2 & q_1 & q_0 \end{bmatrix}$$

称为核矩阵。由上式看出,用矩阵形式进行乘法运算时,如果欲将四元数次序颠倒,则需将核矩阵转置。

4) 四元数单元、零元和负元:

四元数单元: $\qquad \mathbf{I} = 1 + 0\mathbf{i} + 0\mathbf{j} + 0\mathbf{k}$

四元数零元: $\qquad \mathbf{O} = 0 + 0\mathbf{i} + 0\mathbf{j} + 0\mathbf{k}$

四元数负元: $\qquad -\mathbf{Q} = -q_0 - \mathbf{i}q_1 - \mathbf{j}q_2 - \mathbf{k}q_3$

5) 四元数逆元:四元数逆元以 $\mathbf{Q}^{-1}$ 表示,即

$$\mathbf{Q}^{-1} = \frac{1}{q_0 + \mathbf{i}q_1 + \mathbf{j}q_2 + \mathbf{k}q_3} = \frac{\mathbf{Q}^*}{\mathbf{N}^2(\mathbf{Q})}$$

式中

$$\begin{cases} \mathbf{Q}^* = q_0 - \mathbf{i}q_1 - \mathbf{j}q_2 - \mathbf{k}q_3 \\ \mathbf{N}(\mathbf{Q}) = \sqrt{q_0^2 + \mathbf{i}q_1^2 + \mathbf{j}q_2^2 + \mathbf{k}q_3^2} \end{cases}$$

$\mathbf{Q}^*$ 称为四元数 $\mathbf{Q}$ 的共轭四元数,$\mathbf{N}(\mathbf{Q})$ 称为四元数的范数。若 $\mathbf{N}(\mathbf{Q}) = 1$,则

$$\mathbf{Q}^{-1} = \mathbf{Q}^*$$

即逆四元数等于它的共轭四元数。

6) 四元数除法:除法是唯一的。由于乘法是不可交换的,故除法分左除和右除。

例如,$\mathbf{Q}, \mathbf{P}, \mathbf{X}$ 为 3 个四元数。

$$\mathbf{Q} \cdot \mathbf{X} = \mathbf{P}$$

则 $\qquad \mathbf{X} = \mathbf{Q}^{-1} \cdot \mathbf{P}$

$$\mathbf{X} \cdot \mathbf{Q} = \mathbf{P}$$

则 $\qquad \mathbf{X} = \mathbf{P} \cdot \mathbf{Q}^{-1}$

因 $\mathbf{Q}^{-1} \cdot \mathbf{P} \neq \mathbf{P} \cdot \mathbf{Q}^{-1}$,故 $\mathbf{X}$ 不相等。

3. 四元数的主要性质

1) 四元数之和的共轭四元数等于共轭四元数之和,即

$$(\mathbf{Q} + \mathbf{P} + \mathbf{I})^* = \mathbf{Q}^* + \mathbf{P}^* + \mathbf{I}^*$$

2) 四元数之积的共轭四元数等于共轭四元数以相反顺序相乘之积,即

$$(\mathbf{Q} * \mathbf{P} * \mathbf{I})^* = \mathbf{I}^* * \mathbf{P}^* * \mathbf{Q}^*$$

3) 四元数之积的逆等于其四元数之逆以相反顺序相乘之积,即

$$(\mathbf{Q} * \mathbf{P} * \mathbf{I})^{-1} = \mathbf{I}^{-1} * \mathbf{P}^{-1} * \mathbf{Q}^{-1}$$

4) 四元数之积的范数等于其因子范数之积,即

$$\| \mathbf{I}_1 * \mathbf{I}_2 * \cdots * \mathbf{I}_n \| = \| \mathbf{I}_1 \| * \| \mathbf{I}_2 \| * \cdots * \| \mathbf{I}_n \|$$

5) 仅当因子中的一个等于零时,两四元数之积才等于零。

4. 用四元数旋转变换表示空间定点旋转

矢量 r 绕矢量 $\mathbf{E}$ 和定点 $\mathbf{O}$ 旋转 α 角至 r',$\mathbf{Q}$ 为过 $\mathbf{M}$ 且垂直于矢量的平面,$\mathbf{P}$ 为 $\mathbf{E}$ 轴在平面 $\mathbf{Q}$ 上的交点,$\mathbf{OM} = r$,如图 3.1.32 所示,有

$$KN \perp MP$$

则 　　　　$r' = ON = OM + MK + KN$ 　　　　(3.1.40)

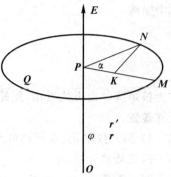

而 　　$|MK| = |MP| - |KP| = |MP| - |NP|\cos\alpha =$

　　　　　$|MP|(1 - \cos\alpha)$

则 　　　　$MK = (1 - \cos\alpha)(OP - OM)$ 　　　　(3.1.41)

由于 　$OP = \left(r \cdot \dfrac{E}{|E|}\right)\dfrac{E}{|E|} = \left(r \cdot \dfrac{E}{|E|}\right)\dfrac{E}{|E|^2}$ 　　(3.1.42)

KN 矢量的方向与($OP \times OM$)方向相同,其长度为

$$|KN| = |MP|\sin\alpha = |r|\sin\varphi\sin\alpha$$

图 3.1.32　矢量旋转变换关系图

故 $KN = \left(\dfrac{E}{|E|} \times r\right)\sin\alpha$,将其带入式(3.1.40)得

$$r' = r'\cos\alpha + (1 - \cos\alpha)(r \cdot E)\frac{E}{|E|^2} + \left(\frac{E}{|E|} \times r\right)\sin\alpha \qquad (3.1.43)$$

根据矢量 E 和角 α 定义一四元数:

$$Q = |E|\left(\cos\frac{\alpha}{2} + \frac{E}{|E|}\sin\frac{\alpha}{2}\right) \qquad (3.1.44)$$

研究四元数变换:

$$Q * r * Q^{-1} = r\cos\alpha + (1 - \cos\alpha)(r \cdot E)\frac{E}{|E|^2} + \left(\frac{E}{|E|} \times r\right)\sin\alpha \qquad (3.1.45)$$

比较式(3.1.43)和式(3.1.45),两者完全相同,则有

$$r' = Q * r * Q^{-1} \qquad (3.1.46)$$

即 r 绕 E 轴转 α 角后的 r' 与 r 之间的关系可用式(3.1.46)表示,Q 叫作 r' 对 r 的四元数。

当旋转变换四元数 Q 是规范四元数,即 $Q^{-1} = Q^*$ 时,则

$$r' = Q * r * Q^* \qquad (3.1.47)$$

$$Q = \cos\frac{\alpha}{2} + E\sin\frac{\alpha}{2} \qquad (3.1.48)$$

$$Q^* = \cos\frac{\alpha}{2} - E\sin\frac{\alpha}{2} \qquad (3.1.49)$$

三、基于四元数的坐标转换描述

用四元数表示图 3.1.33 的旋转变换关系,有

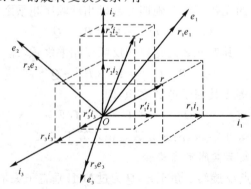

图 3.1.33　用四元数表示旋转变换关系图

$$r = 0 + r_1 i + r_2 j + r_3 k, \quad r' = 0 + r'_1 i + r'_2 j + r'_3 k$$

$$Q = q_0 + q_1 i + q_2 j + q_3 k$$

$$r' = Q * r * Q^* = (q_0 + q_1 i + q_2 j + q_3 k) * (0 + r_1 i + r_2 j + r_3 k) * (q_0 - q_1 i - q_2 j - q_3 k)$$

上式展开整理得

$$\begin{bmatrix} r'_1 \\ r'_2 \\ r'_3 \end{bmatrix} = \begin{bmatrix} q_1^2 + q_0^2 - q_2^2 - q_3^2 & 2(q_1 q_2 - q_0 q_3) & 2(q_0 q_2 + q_1 q_3) \\ 2(q_1 q_2 + q_0 q_3) & q_0^2 + q_2^2 - q_1^2 - q_3^2 & 2(q_2 q_3 - q_0 q_1) \\ 2(q_1 q_3 - q_0 q_2) & 2(q_0 q_1 + q_2 q_3) & q_0^2 + q_3^2 - q_1^2 - q_2^2 \end{bmatrix} \begin{bmatrix} r_1 \\ r_2 \\ r_3 \end{bmatrix} \quad (3.1.50)$$

基于上述结论,图 3.1.30 的机体坐标系是由惯性坐标系经过三次连续转换得到的,即

$$Oxyz \xrightarrow[Q]{z \, 逆转 \varphi} Ox'y'z' \xrightarrow[\substack{P \\ N}]{y' \, 逆转 \psi} Ox''y''z'' \xrightarrow[\lambda]{x'' \, 逆转 \gamma} Ox_1 y_1 z_1$$

如果坐标系之间的旋转变换四元数分别为 Q, P, λ,则

$$Q = \cos \frac{\varphi}{2} + k \sin \frac{\varphi}{2}, \quad P = \cos \frac{\psi}{2} + j \sin \frac{\psi}{2}, \quad \lambda = \cos \frac{\gamma}{2} + i \sin \frac{\gamma}{2}$$

机体坐标系与惯性坐标系之间的四元数 N 为

$$N = \lambda * P * Q$$

矩阵形式为

$$\begin{bmatrix} N_0 \\ N_2 \\ N_2 \\ N_3 \end{bmatrix} = \begin{bmatrix} \cos \frac{\gamma}{2} & -\sin \frac{\gamma}{2} & 0 & 0 \\ \sin \frac{\gamma}{2} & \cos \frac{\gamma}{2} & 0 & 0 \\ 0 & 0 & \cos \frac{\gamma}{2} & -\sin \frac{\gamma}{2} \\ 0 & 0 & \sin \frac{\gamma}{2} & \cos \frac{\gamma}{2} \end{bmatrix} \begin{bmatrix} \cos \frac{\psi}{2} & 0 & -\sin \frac{\psi}{2} & 0 \\ \sin \frac{\psi}{2} & \cos \frac{\psi}{2} & 0 & \sin \frac{\psi}{2} \\ \sin \frac{\psi}{2} & 0 & \cos \frac{\psi}{2} & 0 \\ 0 & -\sin \frac{\psi}{2} & 0 & \cos \frac{\psi}{2} \end{bmatrix} \begin{bmatrix} \cos \frac{\varphi}{2} \\ 0 \\ 0 \\ \sin \frac{\varphi}{2} \end{bmatrix} =$$

$$\begin{bmatrix} \cos \frac{\gamma}{2} \cos \frac{\psi}{2} \cos \frac{\varphi}{2} + \sin \frac{\gamma}{2} \sin \frac{\psi}{2} \sin \frac{\varphi}{2} \\ \sin \frac{\gamma}{2} \cos \frac{\psi}{2} \cos \frac{\varphi}{2} - \cos \frac{\gamma}{2} \sin \frac{\psi}{2} \sin \frac{\varphi}{2} \\ \cos \frac{\gamma}{2} \sin \frac{\psi}{2} \cos \frac{\varphi}{2} + \sin \frac{\gamma}{2} \cos \frac{\psi}{2} \sin \frac{\varphi}{2} \\ -\sin \frac{\gamma}{2} \sin \frac{\psi}{2} \cos \frac{\varphi}{2} + \cos \frac{\gamma}{2} \cos \frac{\psi}{2} \sin \frac{\varphi}{2} \end{bmatrix} \quad (3.1.51)$$

机体坐标系与惯性坐标系之间的转换关系为

$$\begin{bmatrix} x_1 \\ y_1 \\ z_1 \end{bmatrix} = \begin{bmatrix} N_1^2 + N_0^2 - N_2^2 - N_3^2 & 2(N_1 N_2 - N_0 N_3) & 2(N_0 N_2 + N_1 N_3) \\ 2(N_1 N_2 + N_0 N_3) & N_0^2 + N_2^2 - N_1^2 - N_3^2 & 2(N_2 N_3 - N_0 N_1) \\ 2(N_1 N_3 - N_0 N_2) & 2(N_0 N_1 + N_2 N_3) & N_0^2 + N_3^2 - N_1^2 - N_2^2 \end{bmatrix} \begin{bmatrix} x \\ y \\ z \end{bmatrix}$$

$$(3.1.52)$$

将上式与下式比较:

$$\begin{bmatrix} x_1 \\ y_1 \\ z_1 \end{bmatrix} = \begin{bmatrix} \cos\psi\cos\varphi & \cos\psi\sin\varphi & -\sin\psi \\ \sin\gamma\sin\psi\cos\varphi - \cos\gamma\sin\varphi & \sin\gamma\sin\psi\sin\varphi + \cos\gamma\cos\varphi & \sin\gamma\cos\psi \\ \cos\gamma\sin\psi\cos\varphi + \sin\gamma\sin\varphi & \cos\gamma\sin\psi\sin\varphi - \sin\gamma\cos\varphi & \cos\gamma\cos\psi \end{bmatrix} \begin{bmatrix} x \\ y \\ z \end{bmatrix}$$

(3.1.53)

有

$$\left. \begin{aligned} \tan\varphi &= \frac{2(N_1 N_2 + N_0 N_3)}{N_0^2 + N_1^2 - N_2^2 - N_3^2} \\ \sin\psi &= 2(N_0 N_2 + N_1 N_3) \\ \tan\gamma &= \frac{2(N_0 N_1 + N_2 N_3)}{N_0^2 - N_1^2 - N_2^2 - N_3^2} \\ N_0^2 + N_1^2 &+ N_2^2 + N_3^2 = 1 \end{aligned} \right\}$$

(3.1.54)

3.1.4.2 捷联惯性导航计算

设陀螺仪分别测量航行器沿机体坐标系 3 个轴向的角速度,则

$$\boldsymbol{\omega} = 0 + \omega_{x_1}\boldsymbol{i} + \omega_{y_1}\boldsymbol{j} + \omega_{z_1}\boldsymbol{k}$$ (3.1.55)

由四元数的微分方程:

$$\begin{bmatrix} \dot{q}_0 \\ \dot{q}_1 \\ \dot{q}_2 \\ \dot{q}_3 \end{bmatrix} = \frac{1}{2} \begin{bmatrix} 0 & -\omega_{x_1} & -\omega_{y_1} & -\omega_{z_1} \\ \omega_{x_1} & 0 & \omega_{z_1} & -\omega_{y_1} \\ \omega_{y_1} & -\omega_{z_1} & 0 & \omega_{x_1} \\ \omega_{z_1} & \omega_{y_1} & \omega_{x_1} & 0 \end{bmatrix} \begin{bmatrix} q_0 \\ q_1 \\ q_2 \\ q_3 \end{bmatrix}$$

(3.1.56)

式(3.1.56)按泰勒级数展开取三阶近似,得

$$\begin{bmatrix} q_0 \\ q_1 \\ q_2 \\ q_3 \end{bmatrix}_{t_n+h} = \frac{1}{2} \begin{bmatrix} q_0 & -q_1 & -q_2 & -q_3 \\ q_1 & q_0 & -q_3 & q_2 \\ q_2 & q_3 & q_0 & -q_1 \\ q_3 & -q_2 & q_1 & q_0 \end{bmatrix}_{t_n} \begin{bmatrix} 1 - \dfrac{\Delta\theta_0^2}{8} \\ \Delta\theta_{x_1}\left(\dfrac{1}{2} - \dfrac{\Delta\theta_0^2}{48}\right) \\ \Delta\theta_{y_1}\left(\dfrac{1}{2} - \dfrac{\Delta\theta_0^2}{48}\right) \\ \Delta\theta_{z_1}\left(\dfrac{1}{2} - \dfrac{\Delta\theta_0^2}{48}\right) \end{bmatrix}_h$$

(3.1.57)

式中

$$\Delta\theta_0 = \sqrt{\Delta\theta_{x_1}^2 + \Delta\theta_{y_1}^2 + \Delta\theta_{z_1}^2}$$ (3.1.58)

$\Delta\theta_{x_1}^2, \Delta\theta_{y_1}^2, \Delta\theta_{z_1}^2$ 分别为陀螺仪 3 个轴在一个采样周期内的角增量,有

$$\left. \begin{aligned} \Delta\theta_{x_1} &= \int_{t_{n-1}}^{t_n} \omega_{x_1}\,\mathrm{d}T_0 \\ \Delta\theta_{y_1} &= \int_{t_{n-1}}^{t_n} \omega_{y_1}\,\mathrm{d}T_0 \\ \Delta\theta_{z_1} &= \int_{t_{n-1}}^{t_n} \omega_{z_1}\,\mathrm{d}T_0 \\ T_0 &= t_n - t_{n-1} \end{aligned} \right\}$$

(3.1.59)

由于转动四元数应满足约束方程 $q_0^2 + q_1^2 + q_2^2 + q_3^2 = 1$,但在上述导航计算过程中由于存在计算误差等因素,上述约束条件可能被破坏,为此,需要对四元数进行归一化处理,使之重新满

足归一化条件,具体归一化处理方法为

$$Q' = \frac{Q}{\parallel q \parallel} = \frac{Q}{\sqrt{q_0^2 + q_1^2 + q_2^2 + q_3^2}} \tag{3.1.60}$$

由此,根据四元数变换阵,可以实现将机体坐标系测得的加速度转换为惯性坐标系的加速度、速度和位置,并求得姿态角,即

$$\begin{bmatrix} \dot{W}_1 \\ \dot{W}_1 \\ \dot{W}_1 \end{bmatrix} = \begin{bmatrix} q_1'^2 + q_0'^2 - q_2'^2 - q_3'^2 & 2(q_1'q_2' - q_0'q_3') & 2(q_0'q_2' + q_1'q_3') \\ 2(q_1'q_2' + q_0'q_3') & q_0'^2 + q_2'^2 - q_2'^1 - q_2'^3 & 2(q_2'q_3' - q_0'q_1') \\ 2(q_1'q_3' - q_0'q_2') & 2(q_0'q_1' + q_2'q_3') & q_2'^2 + q_3'^2 - q_1'^2 - q_2'^2 \end{bmatrix} \begin{bmatrix} \dot{W} \\ \dot{W} \\ \dot{W} \end{bmatrix} \tag{3.1.61}$$

$$\begin{cases} \tan\phi = \dfrac{2(q_1'q_2' + q_0'q_3')}{(q_0'^2 + q_1'^2 - q_2'^2 - q_3'^2)} \\ \sin\psi = 2(q_0'q_2' + q_1'q_3') \\ \tan\gamma = \dfrac{2(q_0'q_1' + q_2'q_3')}{(q_0'^2 - q_1'^2 - q_2'^2 - q_3'^2)} \\ (q_0'^2 + q_1'^2 + q_2'^2 + q_3'^2) = 1 \end{cases} \tag{3.1.62}$$

3.2　无线电导航技术

19 世纪末发明无线电之后,迅速在两个方面获得应用,一是通信,二是导航。无线电导航是根据电磁波在理想均匀媒质中按直线恒速传播,在另一媒质上产生反射,入射波和反射波同在一铅垂面内的特性进行定位的。按测量方式可分为测向(测角)、测距、测距差、测距测向等。按作用建立分为近程(100 ~ 500km)、中程(500 ~ 1 000km)、远程(3 000km 以上)、超远程(10 000km 以上)、全球(覆盖全世界各地)等。

陆基无线电导航是最早发展起来的一种无线电导航方式,它以设置在陆地上的导航台为基础,通过无线电信号为飞机或船只提供导航信息。如图 3.2.1 所示,无线电船只导航,通过在海岸上设立两个以上的无线电发射电台,发射台全向发射无线电波,船上的接收机测量船与电台的距离或距离差,交会出船的位置即可实现船只定位或导航。

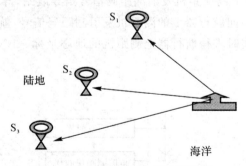

图 3.2.1　陆基无线电导航原理图

无线电导航有主动无线电导航和被动无线电导航两种方式,如图 3.2.2 所示。

无线电导航通过测向(测角 / 测相)、测距、测距差、测相差、测距测向等实现导航,无线电

定位有两种方式:一种是通过设置在载体和地面上的收发设备,测量载体相对地面台的距离、距离差或相位差定位,如 DME 测距导航系统、罗兰双曲线导航系统、奥米加双曲线导航系统;另一种是通过载体上的接收设备,接收地面台发射的无线电信号,测量载体相对于已知地面台的方位角进行定位,如伏尔测向导航系统。无线电导航具有精度较高、价格低、可靠性高的突出优点,同时也存在依赖地面台配合、电波易受干扰、容易暴露自身、生存能力和对抗性弱等不足。

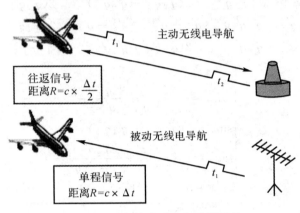

图 3.2.2　主被动无线电导航原理

典型的无线电导航系统有定向机／无方向信标、伏尔(VOR)导航系统、塔康导航系统、DME 导航系统、罗兰 C 导航系统、奥米加导航系统、多普勒导航系统,卫星导航(如子午仪卫星导航、GPS 卫星导航)也属于无线电导航的一种。

3.2.1　陆基无线电导航系统及原理

陆基导航系统(Land-based Navigation System,LNS)是以设置在陆地上的导航台为基础,通过无线电信号向航行器提供导航信息的系统。

陆基导航系统由天馈系统(天线和低噪声放大器)、测距机、导航站(应答机)组成。陆基导航定位系统是通过一定数量的导航站对航行器进行定位的系统,其基本工作原理是利用"伪距"进行定位测量,航行器上的测距机发射测距码信号给导航站,导航站在接收到航行器上的测距机测距码信号的同时,向航行器上的测距机发射测距码信号,航行器上的测距机测定出航行器至导航站的"伪距",实时求得航行器上测距机的地心坐标。LNS 的组成及定位原理如图 3.2.3 和图 3.2.4 所示。

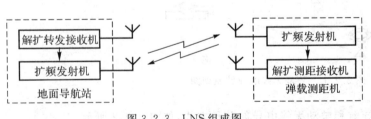

图 3.2.3　LNS 组成图

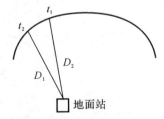

图 3.2.4　LNS 定位原理图

设接收机观测导航站 k,t_0 为测距机发射码信号瞬间的时刻,t_1 为测距机接收到导航站返回信号瞬间的时刻，D_1 为在 t_0 时刻测距机与导航站之间的距离，D_2 为在 t_1 时刻测距机与导航站之间的距离，I_1 和 I_2 分别为电离层改正数和对流层改正数，并令 P_s^k 为 t_0 至 t_1 时刻测距机至导航站，再到测距机的几何距离，则有

$$P_s^k = D_1 + D_2 \tag{3.2.1}$$

其中

$$D_2 = D_1 + \Delta D \tag{3.2.2}$$

则有

$$P_s^k = D_2 - \Delta D + D_2, \quad P_s^k = 2 \times D_2 - \Delta D \tag{3.2.3}$$

根据"伪距"的定义，有

$$\rho_s^k = (t_1 - t_0) \cdot c = D_1 + D_2 - I_1 - I_2 \tag{3.2.4}$$

故有

$$P_s^k = \rho_s^k + I_1 + I_2 \tag{3.2.5}$$

$$\rho_s^k = P_s^k - I_1 - I_2 = 2 \times D_2 - \Delta D - I_1 - I_2 \tag{3.2.6}$$

现设 X^k, Y^k, Z^k 分别为导航站应答机 k 的地心空间直角坐标；X_s, Y_s, Z_s 为航行器上测距机对应 t_1 时刻的空间直角坐标，则

$$D_2 = \sqrt{(X_s - X^k)^2 + (Y_s - Y^k)^2 + (Z_s - Z^k)^2} \tag{3.2.7}$$

$$\rho_s^k = 2 \times \sqrt{(X_s - X^k)^2 + (Y_s - Y^k)^2 + (Z_s - Z^k)^2} - \Delta D - I_1 - I_2 \tag{3.2.8}$$

由于航行器在航行过程中，航行器上计算机可获得 t_0 时刻的速度与姿态，则 ΔD 可以计算得出，导航站的空间直角坐标是已知的，电离层延迟改正和对流层延迟改正可按相应的模型计算，因此，测距机只要同时观测三个以上导航站，即可求解出航行器的 3 个位置参数。

导航定位中，为了更清楚地评价定位结果的精度，一般采用有关精度因子 DOP(Dilution of Precision) 的概念。其定义为

$$\sigma_X = \text{DOP} \cdot \sigma_0 \tag{3.2.9}$$

式中，σ_0 为测距机至导航站应答机的测距中误差。

相关的一些中文文献中，有的将其称之为精度衰减因子，也有的将其称为精度系数或精度弥散度。实践中，通常根据实际需求，采用不同的精度评价模型和相应的精度因子。常用的精度因子主要有以下 3 种：

空间位置精度因子 PDOP(Position DOP)，相应的三维位置精度为

$$\sigma_p = \text{PDOP} \cdot \sigma_0 \tag{3.2.10}$$

平面位置精度因子 HDOP(Horizontal DOP)，相应的平面位置精度为

$$\sigma_H = \text{HDOP} \cdot \sigma_0 \tag{3.2.11}$$

高程精度因子 VDOP(Vertical DOP)，相应的高程精度为

$$\sigma_V = \text{VDOP} \cdot \sigma_0 \tag{3.2.12}$$

利用以上各种不同的精度因子 DOP，即可从不同角度评价伪距定位测量的精度。

对于陆基导航定位系统，主要采用空间位置精度因子(PDOP)评定航行器航行中的定位精度。显然，在伪距观测量的精度 σ_0 确定的情况下，最大限度地缩小空间位置精度因子的数值，就成为提高定位精度的重要途径。

陆基导航系统定位测量的精度因子与所观测的导航站分布有关，因此，精度因子又称为所

观测的导航站构成的空间几何图形的图形强度因子。设观测的导航站与航行器上测距机构成的三面体的体积为 V,则精度因子 PDOP 与该三面体的体积 V 的倒数成正比,即

$$PDOP \propto \frac{1}{V} \tag{3.2.13}$$

显然,如何合理选择导航站就成为决定陆基导航系统定位精度因子的关键。

陆基导航系统采用地面导航方式,可联合使用扩频、信号突发和跳时等抗侦听和抗干扰技术手段,有效地提高了其抗干扰能力。其优点主要表现在以下几个方面。

1)不依赖于卫星,自主性强。陆基导航系统不依靠卫星即可为航行器提供精确定位。因而可使导弹武器在国内所有导航和通信卫星均被敌方干扰的情况下,仍具备组合导航能力。

2)采用扩频和跳时相结合的通信技术,抗干扰能力较强。有源陆基导航系统采用扩频和跳时相结合技术,合理选择跳扩频信号格式体制,各站采用不同的频码,实现可靠接收和高精度测量。

3)通信距离近,能量损耗少。陆基导航系统的通信距离为数百公里,与卫星通信距离为3万多公里相比,信号空间传播损耗大大减少,从而提高了系统的抗干扰能力。

4)成本及其低廉,弹载、地面的应答机尺寸小,容易布置、隐藏和长期待机。

3.2.2 定向机/无方向信标

定向机/无方向信标(DF/NDB)是 20 世纪 30 年代主要的无线电导航系统。装在飞机上的定向机为飞机提供指向无方向信标的方位(即飞机机轴方向与指向 NDB 方向间的夹角,如图 3.2.5 所示)。NDB 的发射频率范围在 190~1 750kHz 之间的频段。

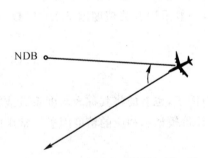

图 3.2.5　定向机/无方向信标原理图

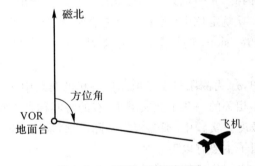

图 3.2.6　VOR 导航原理图

3.2.3 VOR 导航系统

VOR 是甚高频全向信标的缩写,1949 年由 ICAO 确定为标准系统。它由地面台和机载设备组成,地面台发射信号,机载设备只接收信号,为飞机等航行器提供相对于地面台的磁北方位角。VOR 系统的工作频段为 108~117.95MHz,共 200 个频道,频道间隔 50kHz,信号为水平极化。

VOR 工作原理如图 3.2.6 所示:地面台向空中全向发射两个 30Hz 的正弦波,一个正弦波作为基准,其相位不随飞机所在的方位而变化,另一个则随飞机所在的方位角不同而不同,两正弦波之间的相位差正好等于飞机的方位角,因此,即在设备接收到地面台的信号之后,只要测量两正弦波之间的相位差,就能测出飞机的方位角。

3.2.4　塔康导航系统

塔康(TACAN:Tactical Air Navigation System)是战术空中导航系统的缩写,工作于 L 波段,频率范围为 962~1 213MHz,有 X 与 Y 两种工作模式(各占 126 个波道,波导间隔 1MHz),是一种近程极坐标式无线电导航系统,作用距离为 350~370km。

塔康导航系统由地面设备和机载设备组成。地面设备包括天线和主机,天线包括天线和形成天线方向图所需要的电路及天线方向图旋转扫描的控制驱动电路,天线方向图形成及其旋转扫描可以是电动伺服驱动机械扫描,也可以是相位控制天线阵列电子扫描;主机包括发射机、接收机、编码/译码器、电源;地面设备由天线、发射机、接收机、频率合成器、方位测量电路、距离测量电路、控制盒组成。

塔康导航系统属于军用设备,能同时测定地面台相对飞机的方位角和距离,军用飞机由塔康系统获得距离、方位信号,但它的测距部分可作为民用测距器,因而有时民用机由塔康系统获得距离信号,而由 VOR 系统获得方位信号,组成 VOR 塔康导航系统。

距离测量:$D=1/2\times c(t-T_0)$(c 为电波传播速度;t 为询问与应答脉冲间的时间间隔,T_0 信标台固定时间延迟)

方位测量:与 VOR 类似。

3.2.5　测距器(DME)

测距器(DME)由地面台和机载设备组成,为飞机提供地面台的斜距,采用脉冲信号体制,其工作频段为 960~1 215MHz。现在 DME 又分为 DME/N 和 DME/P 两种。N 表示窄频带;P 表示精密。

DME/N 与 VOR 装在一起形成统一的地面台时形成 ICAOde 标准距离-方位测量系统,用于航路和终端区导航。DME 的一种新的应用趋向是用多个 DME/N 地面台形成距离-距离区域导航系统。

DME 工作原理如图 3.2.7 所示:机载设备(询问器)发出成对的询问脉冲,地面台(应答器或信标)收到后经过 $50\mu s$ 时延后发出成对应答脉冲信号。应答信号被机载设备接收到后,将发出询问和收到应答信号之间所经过的时间减去地面台的时延,便可计算处飞机与地面台之间的距离。

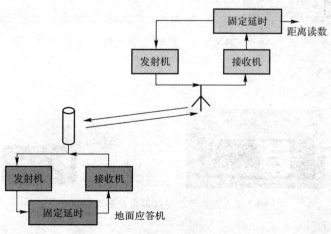

图 3.2.7　测距器(DME)工作原理图

3.2.6 罗兰-C 导航系统

罗兰是英文 Long Rang Navigation 词头缩写,是一种中远程精密无线电导航系统,属于陆基、低频、脉冲相位导航体制,其工作频段为无线电低频段(30～300kHz)的中部,即 90～110kHz,频率为 100kHz,作用距离可达 2 000km。

罗兰－C 主要利用地波定位,沿完全导电的地球表面传播的罗兰－C 地波信号功率密度反比于到发射台距离的平方。因为任何实际的传播路径都不是理想的完全导电的地面,信号的地波场强会衰减,衰减的程度与信号频率有关。研究表明:100kHz 无线电的衰减较小,可以传播较远的距离。全球罗兰－C 系统覆盖区域见图 3.2.8。

罗兰－C 系统由一组发射台形成网络构成发射台链,这些发射台链具有共同的时间基准并位于同一地理区域。至少三个发射台才能组成一个双曲线台链,台链中的一个发射台做主台,其余各台做副台,主台和每个副台组成一个双曲线台对。

罗兰 C 导航原理:飞机测定主、副台发射的两个脉冲信号达到的时间差和两个脉冲信号中载频的相位差(见图 3.2.9),即可获得飞机到主、副台的距离差。距离差保持不变的航迹是一条双曲线。再测定飞机对主台和另一副台的距离差,可得另一条双曲线。根据两条双曲线的交点可以定出飞机的位置。这一位置由显示装置以数据形式显示出来,如图 3.2.10 所示。

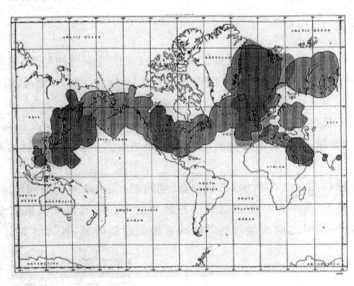

图 3.2.8　罗兰-C 覆盖范围

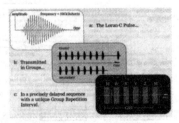

图 3.2.9　罗兰 C 导航设备及频率特性图

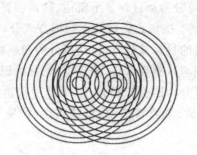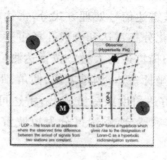

图 3.2.10　罗兰 C 导航原理图

3.2.7　奥米加导航系统

奥米加导航系统是一种甚低频无线电导航系统。奥米加系统的研究始于 1947 年,20 世纪 60 年代初开始工作,在全球建有 8 个地面台站,各台站间既紧密相关又相互独立,没有主副之分,作用距离可达 1 万多公里,可以为全球提供全天候定位、导航。奥米加导航系统的基本组成包括信号接收和检测、信号处理和相位测量、控制与显示。

奥米加导航系统的工作原理是:测定 3 个或 3 个以上台信号的相位,并求出台组之间的相位差,电波的行程差和相位差有确定的关系,测定两个台发射的信号的相位差,就得到飞行器到两个地面台的距离差。对应恒定相位差(即恒定距离差)的点的轨迹是一条以这两个地面台为焦点的双曲线位置线,由 3 个台站两两测得两条这样的双曲线位置线,这两条双曲线位置线的交点就是飞行器的位置。显然,奥米加导航系统的工作原理与罗兰 C 导航系统相似,是按照双曲线几何定位法进行导航位置确定的。

俄罗斯的阿尔法也是一种甚低频无线电导航系统,其工作原理与奥米加导航系统类似。

3.3　雷达导航与制导

1864 年,麦克斯韦提出了电磁理论,预见到电磁波的存在。1886 年,赫兹用人工方法产生电磁波,验证了电磁波的发射、接收和散射。1903 年,德国人威尔斯姆耶(Wilsmoy)探测到了从船上反射回来的电磁波。1922 年,马可尼(Marconi)主张用无线电来探测船舶,并最早比较完整地描述了雷达的概念:"电磁波能够被导体反射,可以在船舶上设置一种装置,向任何需要的方向发射电磁波,若遇到导电物体,它就会反射到发射电磁波的船上,有一个与发射机相隔离的接收机接收,以此表明另一船舶是存在的,进而可以确定其位置。"

从不同的角度看,可将雷达分为不同的种类。按雷达作用分,雷达可分为军用雷达与民用雷达两大类。根据雷达所在平台,军用雷达分成地面雷达、舰载雷达、机载雷达和星载雷达等。地面雷达又可按其功能分为对空监视雷达、引导与目标指示雷达、卫星监视与导弹预警雷达、超视距雷达、火控雷达、导弹制导雷达和精密跟踪测量雷达等。机载雷达则包括机载预警雷达、机载火控雷达、轰炸雷达、机载测高雷达、机载气象雷达、机载空中侦察雷达等。民用雷达按作用划分,有空中交通管制雷达、内河与港口管制雷达和气象雷达等。按雷达信号形式分,雷达可分为脉冲雷达与连续波雷达,窄带雷达或宽带雷达。脉冲雷达按调制方式可进一步分成脉冲压缩雷达、噪声雷达和频率捷变雷达等。连续波雷达包括调频连续波雷达、相参雷达、非相参雷达。按雷达信号处理方式分,雷达可分为动目标显示雷达、脉冲多普勒(PD)雷达、频率分集雷达、极化分集雷达和合成孔径雷达等。按雷达天线波束扫描方式分,雷达可分为机械扫描雷达与电扫描雷达两大类。按雷达测量的目标参数分,雷达可分为两坐标雷达(测量目标方位、距离)、三坐标雷达(测量方位、仰角、距离)、测高雷达、测速雷达、目标识别雷达和敌我识别雷达等。按雷达角度跟踪方式分,雷达可分为圆锥扫描雷达、单脉冲雷达和隐蔽锥扫雷达等。按雷达工作频段分,雷达可分为短波雷达、米波雷达、分米波雷达、微波雷达和毫米波雷达等。

3.3.1 雷达工作原理

一、雷达的组成

典型脉冲雷达的组成包括定时器、发射机、收/发转换开关、天线、接收机、显示器、天线控制装置以及电源等部分,如图3.3.1所示。

(1)定时器:产生定时触发脉冲,送到发射机、显示器等各雷达分系统,控制雷达全机同步工作。

(2)发射机:在触发脉冲控制下产生射频脉冲进行发射。对于高性能相参雷达,发射机实际上是一个雷达信号的功率放大链,它将来自高稳定频率综合器的信号进行调制和放大,使信号功率达到需要的电平。

(3)接收机:将回波信号放大、滤波,并变换成视频回波脉冲,然后送入显示器。

(4)收/发转换开关:在发射期间将发射机与天线接通,断开接收机,而在其余时间将天线与接收机接通,断开发射机。

(5)天线:将发射机输出的电磁波形成波束,实现定向辐射和接收由目标反射回来的电磁波。

(6)伺服装置:控制天线转动,使雷达的机械扫描天线波束依照一定的方式在空间扫描。

(7)显示器:地面或机载雷达终端设备之一,用来显示目标回波、指示目标位置。

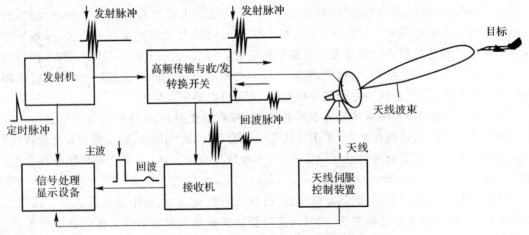

图3.3.1 典型脉冲雷达组成框图

二、雷达工作原理

雷达是英文 Radar（Radio Detection and Ranging）的音译，原意是"无线电探测和测距"，即雷达有两个功能，一是探测目标存在是否，二是测量目标的距离、方位和仰角等参数。随着雷达技术的发展，雷达的任务不仅仅是测量目标的距离、方位和仰角，而且还包括测量目标的速度，以及从目标回波中获取更多有关目标的信息。雷达是一种用无线电方法发现目标并测定它们在空间的位置的设备，因此，雷达也称为"无线电定位"。

目标位是由斜距 R、方位角 φ 和俯仰角 θ 三个坐标决定的，如图 3.3.2 所示。

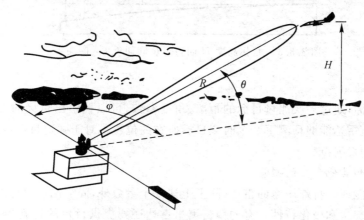

图 3.3.2　测量三参数关系图

1. 目标距离的测量

雷达到目标的距离是由电磁波从发射到接收所需的时间来确定的，假如往返时间为 t，而电磁波是以恒定的光速 c 传播的，则雷达到目标的距离 R 为

$$R = ct/2 \qquad (3.3.1)$$

式中，时间 t 以秒（s）计；距离以米（m）计；$c = 3 \times 10^8$ m/s。

2. 目标方位角的测量

（1）目标方位角、俯仰角测量（最大回波法测量）：雷达天线在方位上作机械旋转，天线波束在方位上扫描，当波束的轴线（天线法向）对准目标时，回波最大，此时天线位置传感器所指示的方位角即为目标的方位角。波束在垂直方向扫描，用同样的方法可以测定目标的俯仰角。

（2）顺序比较测角法：利用相互交叉的两个波束左右交替扫描照射目标，只有天线方向轴对准目标时，左右两波束接收的回波强度才相等。两波束接收的回波强度相等时天线所指方位角就是目标的方位角。

（3）利用相互覆盖的两个接收波束同时对它们所收到的信号进行幅度比较，则采用内插方法也可得到目标的角度位置，这种方法又称为单脉冲测角法，在大多数精密跟踪雷达中获得了广泛的应用。

3. 目标高度的测量

目标高度 H 同斜距 R 和仰角 θ 之间的关系如图 3.3.3 所示，即

$$H = R\sin\theta \qquad (3.3.2)$$

可见,测出目标的斜距 R 和仰角 θ,可计算出目标的高度。由于地面是弯曲的,计算出的高度还要进行修正。这时高度 H 应表示为

$$H = h + R\sin\theta + R^2/(2\rho) \qquad (3.3.3)$$

式中,h 是雷达天线高度;ρ 为地球曲率半径。

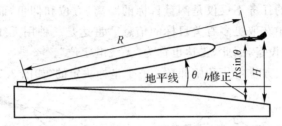

图 3.3.3　目标高度 H 同斜距 R 和仰角 θ 之间关系

4. 目标轨迹的测量

对于运动目标,通过多次测量目标的距离、角度参数,可以描绘出目标的飞行轨迹。利用目标的轨迹参数,雷达能够预测下一个时刻目标所在的位置。对于弹道目标,可以据此预测弹着点、弹着时间和发射点。

5. 目标速度和其他参数的测量

对一些高性能或有特殊用途的雷达,除了上述 3 个参数外,尚需测量目标的速度、加速度、目标回波的幅度起伏和极化特性。有的精密测量雷达还要提供目标的自旋频率,测量目标弹体分离事件(如空空导弹从载机上发射、卫星从运载火箭上脱离等),为了解决雷达目标的分类、识别问题,还要尽可能多地测量目标的特征参数及提高雷达测量的分辨能力。

(1) 目标径向速度的测量。由于多普勒效应,从运动目标反射的回波信号的频率与发射信号的频率相比,增加了一个多普勒频率偏移成分。通过测量回波信号的多普勒频移,可得到目标径向速度信息。如果目标径向速度为 v_r,雷达信号波长为 λ,则多普勒频移 $f_d = 2v_r/\lambda$。

(2) 目标回波起伏特性的测量。目标回波起伏特性的测量对于判定目标属性有重要意义,例如,在定向目标监视雷达中,利用目标起伏特性可区分该目标是否为稳定目标(自旋稳定或非自旋稳定目标)。

(3) 目标极化特性的测量。根据雷达测量得到的极化散射矩阵,可获得雷达目标的构成及属性的信息。

(4) 目标事件的测量。在一些特殊用途的雷达中,需要测量目标事件,例如,目标分离、目标爆炸等。为了实现这类测量,要求雷达具有高的分辨力和多目标跟踪能力。通过测量目标回波频谱中的两个边带频谱分量,可判断目标是否为自旋目标或是否存在章动。

(5) 雷达目标成像。提高雷达纵向距离分辨力和横向距离分辨力,从而可获得目标尺寸与形状特性的信息。通过采用大瞬时带宽信号,可获得足够高的分辨力。

6. 雷达探测距离

雷达究竟能在多远的距离上发现或检测到目标,这取决于雷达的发射功率 P_t,发射天线的增益 G、目标的雷达反射面积 σ、雷达天线的有效接受面积 A_e 和目标与雷达的距离 R。

设雷达发射功率为 P_t,当用各向均匀辐射的天线发射时,距离雷达 R 远处任一点的功率密度 S'_1 等于雷达的发射功率 P_t 除以求面积 $4\pi R^2$,即

$$S'_1 = \frac{P_t}{4\pi R^2}$$

天线将发射功率集中在某一方向上发射,设天线的增益(即天线在辐射方向上功率增加的倍数)为 G,则距离雷达 R 远处雷达照射到的功率密度为

$$S_1 = \frac{P_t G}{4\pi R^2}$$

设目标的反射面积为 σ,雷达照射到目标后再次辐射回雷达处的回波信号功率密度为

$$S_2 = S_1 \frac{\sigma}{4\pi R^2} = \frac{P_t G \sigma}{(4\pi)^2 R^4}$$

设天线的有效接受面积为 A_e,则雷达收到的回波功率为

$$P_r = A_e S_2 = \frac{P_t G \sigma A_e}{(4\pi)^2 R^4}$$

当收到的回波功率 P_r 等于最小可检测信号 S_{min} 时,雷达达到其最大作用距离 R_{max},超过这个距离后,就不能有效地检测到目标。

$$R_{max} = \left[\frac{P_t G \sigma A_e}{(4\pi)^2 S_{min}} \right]^{\frac{1}{4}}$$

3.3.2　雷达制导原理

雷达制导是指利用目标辐射或反射到雷达(位于制导站或导弹)上的电磁波探测目标,并从中提取目标信息(包括目标的距离、角度、速度、形状与几何结构等),形成制导指令,将导弹引向目标并摧毁的一种制导技术。

雷达制导主要包括雷达遥控制导、雷达寻的制导和雷达成像制导等类型,它们各自又可以划分为若干子类。目前国际上采用的主要雷达制导方式见表3.1。

表 3.1　雷达制导方式

雷达遥控制导	指令制导	单雷达指令制导	跟踪目标
			跟踪导弹
			跟踪目标和导弹
		双雷达指令制导	
	波束制导	单雷达波束制导	
		双雷达波束制导	
雷达寻的制导	主动式寻的制导		
	半主动式寻的制导		
	被动式寻的制导		
雷达成像制导	微波、毫米波雷达成像		
	激光雷达成像		

一、雷达遥控制导

雷达遥控制导由导弹外部的雷达制导站测定导弹和目标的相对位置,并给导弹发出制导指令,通过弹上控制装置操纵导弹飞向目标。其制导设备只有一部分安装在导弹上,主要部分则安装在制导站(指控点),而制导站可以设在地面、飞机或舰船上。其多用于防空导弹、空地导弹、空空导弹和反导拦截导弹。其特点是弹上制导设备简单,制导精度较高,但作用距离较近,易受干扰。雷达遥控制导按照导引信号形成的不同,可分为指令制导和波束制导。

1. 指令制导

导弹运动规律由制导站决定。指令制导一般用于导弹飞行初段,也可应用于导弹的整个飞行段上,如图 3.3.4 所示。

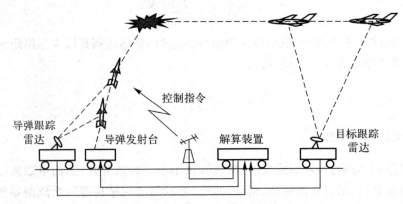

图 3.3.4 双雷达指令制导系统工作原理示意图

其中,目标(导弹)跟踪雷达主要完成跟踪目标(导弹)、测量目标(导弹)坐标参数,送入解算装置。解算装置根据导弹和目标坐标及所用导引规律形成制导指令,编码后由指令发射设备送给弹上指令接收机。指令接收机接收导引指令,并送入控制系统。控制系统对导弹飞行姿态和轨迹进行控制。

如美国的"陆军战术导弹(ATACMS)"系统,采用环形激光陀螺数字捷联惯性制导加雷达指令修正制导,使导弹的 CEP 达到 50m。在海湾战争中,"陆军战术导弹"可以接收机载 JSTAR 联合警戒和目标攻击雷达系统提供的目标动态信息。这种雷达可准确发现与跟踪敌后方 150km 以内行进中的坦克和装甲纵队。这些目标信息经过陆军战术导弹营的"塔克法"射击指挥系统及各发射架上的火控系统的处理,更进一步提高了目标诸元及制导指令的精度及武器系统的快速反应能力。

2. 波束制导

波速制导系统由弹上导引装置和弹外制导站组成。制导站向导弹发送的不是引导指令,而是引导微波(或激光)波束。导弹在波束内飞行,弹上制导设备能感知导弹偏离波束中心的方向和距离并产生相应的引导指令,操纵导弹飞向目标如图 3.3.5(a)所示。这种波束兼有跟踪目标和导引导弹的作用,弹上执行机构根据制导指令来调整导弹的飞行路线,使导弹始终沿着波束旋转轴飞行直至命中目标。按照波束制导方式可以分为单波束制导系统(见图 3.3.5)和双波束制导系统(见图 3.3.6)。

为了保证导弹射入波束之中,可以另加一套宽波束系统的办法,如图 3.3.5(b)所示。宽

波束的宽度一般为 $20°\sim 60°$。在导弹射入宽波束后,可控制导弹进入等强信号区中。宽波束和窄波束的电轴是近似一致的。因此,只要导弹进入宽波束的等强信号区内,就一定位于窄波束作用区内。

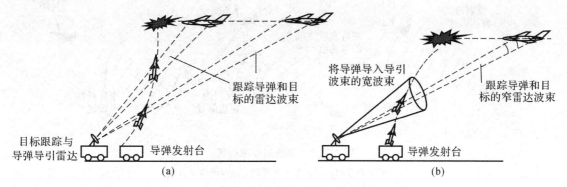

图 3.3.5 单雷达波束制导系统工作原理示意图

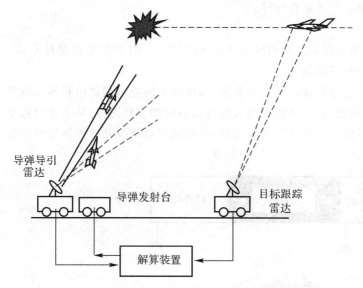

图 3.3.6 双雷达波束制导系统工作原理示意图

二、雷达寻的制导

寻的制导由敏感器(又称导引头)感受目标辐射或反射能量形成制导指令,将运动物体导向目标。导引头所接受的辐射波可以是无线电波、光波(红外线、激光)或声波。

根据接受到的目标辐射波的来源,寻的制导可以分为主动寻的、半主动寻的和被动寻的 3 种方式。①主动寻的(见图 3.3.7(a)):发射机和接收机都装在导弹上。②半主动寻的(见图 3.3.7(b)):发射机装在地面、飞机或舰船上,向目标发出辐射波,导弹接收目标的反射波。③被动寻的(见图 3.3.7(c)):导弹上只装有接收机,接收目标的辐射能量。半主动式雷达寻的制导的优点是导弹上系统简单、质量轻、成本低、作用距离大,缺点是需要地面制导站。主动式和半主动式雷达寻的制导系统都容易被对方发现和干扰。被动式以红外线寻的制导系统应用较多,它的分辨率高、尺寸小、质量轻,可以避免地物杂波干扰,但容易被对方施放红外线的干扰物迷惑,制导效果受气候影响也较大。

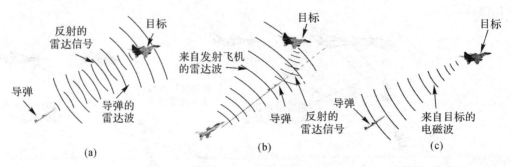

图 3.3.7　寻的制导原理图

(a)主动寻的;　(b)半主动寻的;　(c)被动寻的

根据接受到的目标辐射波的形式,寻的制导又包括电视制导、激光制导、红外制导、毫米波制导、微波制导和多模或复合制导。

1.电视制导

电视制导利用电视来控制和导引导弹飞向目标。电视制导有两种方式,一种是电视指令制导,另一种是电视寻的制导。

(1)电视指令制导原理如图 3.3.8 所示,导弹上的电视摄像机将所摄取的目标图像用无线电波发送给导弹发射人员,导弹发射人员得到目标的直观图像,从多个目标中选取需要攻击的目标,然后用无线电指令形式发送给导弹,导弹通过自动驾驶仪控制导弹跟踪并飞向所选定的目标。这是一种人在回路中的制导控制方式。

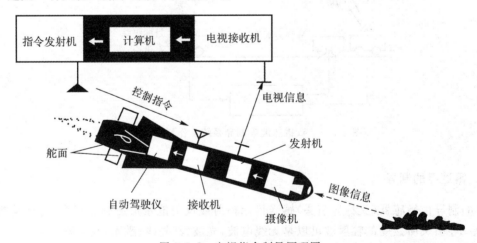

图 3.3.8　电视指令制导原理图

(2)电视寻的制导,在外界可见光照射下,外界景物经过光学系统和电视摄像管变为视频电信号,信息处理装置按视频信号的特点判定视场内是否存在目标。无目标时,摄像机中的光学系统反复扫描;有目标时,停止扫描并给出目标方位与光学系统轴线之间的偏差信号。跟踪伺服机构根据这个信号调整光学系统,使光轴对准并跟踪目标。与此同时,这个偏差信号送入自动驾驶仪,按一定的导引规律控制导弹飞向目标。

电视制导的优点是利用目标的图像信息对导弹进行制导,目标难以隐蔽,有较高的制导精度;缺点是不能获得距离信息,导弹的作用距离受大气能见度的限制,不适于全天候工作。

2. 激光制导

激光制导利用激光跟踪、测量和传输的手段控制和导引导弹飞向目标。激光器发出照射目标的激光波束,激光接收装置接收目标反射的光波,经光电转换和信息处理,得出目标的位置参数信号(或导弹与目标的相对位置参数信号),再经信号变换用以跟踪目标和控制导弹的飞行。激光制导可用于波束制导和寻的制导。

激光制导的优点是制导精度高、抗干扰能力强、结构简单、成本较低、工作波段为 $1.06\mu m$ 和 $10.6\mu m$。激光制导现正在发展激光主动成像制导,由于激光可成三维图像,且图像稳定,便于图像识别算法的编制,因此激光制导是成像制导的发展方向之一。国外波长为 $1.06\mu m$ 的激光半主动制导已实用化。激光制导的缺点是易被云、雾、烟或雨等吸收,在大气层内使用时受到气象条件的限制,不能全天候使用;激光能源的功率有限,因而制导的作用距离受到一定限制。此外,由于波束窄,搜索跟踪也较为困难。因此激光技术常与红外、电视、光学或微波等技术结合使用。

3. 红外制导

红外制导由导弹上的红外导引头利用目标的红外辐射,实现对目标捕获跟踪,导引导弹命中目标,是一种被动寻的制导技术。红外制导有红外非成像制导和红外成像制导两种形式。

(1)红外非成像制导:利用弹上红外非成像导引头接收目标辐射的红外能量,实现对目标捕获跟踪,导引导弹命中目标。红外非成像制导可工作在 3 个波段,即 $1\sim3\mu m$,$3\sim5\mu m$,$8\sim14\mu m$。红外非成像制导角分辨率高、精度高、被动工作、抗电子干扰并可昼夜工作,但受烟雾影响大,不能抗光电干扰。红外非成像制导,国内外均已是成熟技术,在战争中已经多次使用,曾发挥了重要作用,红外非成像制导现正向红外成像制导方向发展。

(2)红外成像制导:利用弹上红外成像导引头,依据目标和背景红外图像,识别捕获跟踪目标,导引导弹命中目标。红外成像制导一般工作在两个波段,即 $3\sim5\mu m$,$8\sim14\mu m$,其中工作在 $8\sim14\mu m$ 波段性能更佳。红外成像制导与红外非成像制导相比,有很强的抗光电干扰能力,可进行全向攻击,有命中点选择能力;与电视制导相比,红外成像制导可昼夜工作,作用距离远,能识别目标要害部位,所以红外成像制导是当今精确制导发展的主流。为了提高对目标(特别是低温目标)的识别能力,红外工作波段有向长波方向发展的趋势。

4. 毫米波制导

毫米波制导由弹上的毫米波导引头接收目标反射或辐射的毫米波信息,捕获跟踪目标,导引导弹命中目标。波长在 $1\sim10mm$ 之间,具有较高的制导精度,较强的抗干扰能力,受天气和烟的影响小,其性能介于微波和红外之间。毫米波制导的精度和抗干扰能力优于红外成像制导,且全天候作战能力优于红外成像制导。毫米波制导分为主动制导和被动制导,主动方式有脉冲体制和连续波体制。脉冲体制的作用距离较远,连续波体制的作用距离较近,但体积小、质量轻,可设计成低截获概率雷达。工作波段目前有两个:8mm 和 3mm。毫米波在精确制导中占有重要地位,毫米波制导与红外成像制导一起,成为精确制导技术发展的两个主要分支。毫米波制导技术的发展方向是:元器件由离散型向混合集成、单片集成的方向发展;工作波段由 8mm 向 3mm 方向发展;工作体制向宽带高分辨一维成像、共形相控阵成像的方向发展。

5. 微波制导

微波是指波长为 $0.1 \sim 100$cm 的电磁波波段。微波制导由弹上的微波雷达导引头,接收目标的微波能量捕获跟踪目标,导引导弹命中目标。微波制导的最大优点是全天候、昼夜工作,但微波制导面临着严峻的电子干扰环境的威胁。微波制导中,合成孔径微波雷达制导和被动微波雷达制导受到重视。合成孔径微波雷达是一种主动微波成像雷达,它可以在能见度极差的气象条件下得到类似光学照相的高分辨率雷达图像,采用合成孔径微波雷达制导,具有很强的抗干扰能力和制导精度。国外合成孔径微波雷达制导已实用化,精度达到 0.7m$\times0.9$m。被动微波雷达制导用于反辐射导弹攻击敌方雷达,虽然制导精度不高,但反辐射导弹对制导雷达、火控雷达构成严重威胁,所以各军事强国都在大力研究该项技术。被动微波雷达制导国外已实用化。

6. 多模或复合制导

多模制导是指同一制导段,同时采用两种或两种以上频段的末制导方式进行工作;复合制导是指不同制导段采用两种频段或两种制导体制交替工作。随着未来战场环境变得越来越恶劣,单一频段或模式的制导,将难于适应未来战争的要求,因此多模制导或复合制导现已成为精确制导技术发展的重要方向。多模制导或复合制导可以充分发挥各自的优势,弥补各自的不足,从而可极大地提高作战效能。目前,毫米波和红外复合制导、宽带微波被动雷达与红外成像复合制导以及微波主动雷达和被动雷达复合制导是国际上多模或复合制导发展的重点。

三、雷达成像制导

雷达成像制导实质上是数字式景象匹配区域相关制导技术,以区域地貌为目标特征,利用导弹上成像传感器获得的目标周围特征图像或导弹飞向目标沿途景物图像,与预存在导弹上的基准图在计算机中进行匹配比较,从而得到导弹相对于目标或预定弹道的纵向或横向偏差,将导弹引向目标的一种图像匹配制导技术。具体工作原理可参阅 3.6 节内容。

1992 年,美国正式提出了开发小型合成孔径雷达制导技术,要求制导精度达到 3m 以内,实现真正意义上的精确打击。目前,国外高性能微波制导技术中的合成孔径雷达制导技术已经实用化,精度可以达到 0.6m$\times0.6$m,用于灵巧炸弹和弹道导弹雷达地图匹配制导。

3.3.3 多普勒雷达导航

多普勒效应(Doppler effect):波源和观察者之间的相对运动使观察者感到频率变化的现象(见图 3.3.9)。多普勒效应是为纪念奥地利物理学家及数学家克里斯琴·约翰·多普勒(Christian Johann Doppler)而命名的。他于 1842 年首先提出了这一理论。多普勒认为,物体辐射的波长因为光源和观测者的相对运动而产生变化。在运动的波源前面,波被压缩,波长变得较短,频率变得较高(蓝移,blue shift)。在运动的波源后面,产生相反的效应,波长变得较长,频率变得较低(红移,red shift)。波源的速度越高,所产生的效应越大。根据光波红/蓝移的程度,可以计算出波源循着观测方向运动的速度。恒星光谱线的位移显示恒星循着观测方向运动的速度。除非波源的速度非常接近光速,否则多普勒位移的程度一般都很小。多普勒效应是波动过程共有的特征,一切波(如电磁波和光波)都能发生多普勒效应。

多普勒频移:载体与雷达地面站相对运动而产生的发射波与反射波之间的频率差,或者由于载体运动引起的载体雷达的发射波和反射波之间的频率差称为多普勒频移。

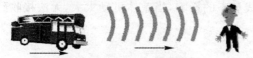

多普勒效应(相对论效应)

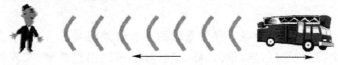

如果消防车朝我们移动，声音将到达得更快(高频)

如果消防车远离我们，声音将到达得更慢(高频)

图 3.3.9　多普勒效应

多普勒雷达导航利用雷达电磁波的多普勒效应测定多普勒频移，计算出载体的速度和位置。多普勒导航由脉冲多普勒雷达、航向姿态系统、导航计算机和控制显示器等组成。利用航位推算法获取航行速度，利用三角法定位和定向。例如，多普勒－惯性导航系统，由脉冲多普勒雷达、航向姿态系统、导航计算机和控制显示器等组成。多普勒雷达测得的载体速度信号与航向姿态系统测得的载体航向、俯仰、滚转信号送入导航计算机，计算出载体的地速矢量并对地速进行连续积分等运算，得出载体当时的位置。利用这个位置信号进行航线等计算，实现对载体的引导。多普勒导航系统是基于航位推算原理实现辅助导航的，是一种自主导航系统。

多普勒雷达一般采用多波束(3 波束、4 波束)配置如图 3.3.10 所示，即载体前后左右对称地发射多个波束，这样的系统不仅能够补偿地速测量和偏流中俯仰和倾斜误差，而且还可以测量载体的垂直速度和横向速度，从而给出载体的空间速度矢量。

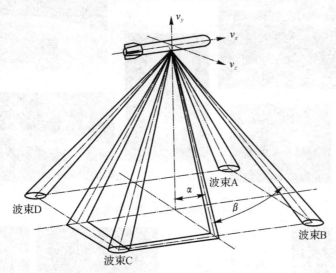

图 3.3.10　多普勒雷达天线波束示意图

20 世纪 70 年代以后，多普勒导航系统已和飞行控制系统、发动机控制系统、火力控制系统等组成综合航空电子系统，在巡航导弹上也用于惯导的辅助导航。

多普勒雷达导航无须地面台配合，具有主动工作、自主性强等优点。但其工作时必须发射电波，易受干扰和暴露自己。此外，多普勒雷达导航系统的定位精度与反射面的具体情况密切相关。当系统在海面和沙漠上空工作时,由于无线电波反射性极差,将大大降低系统工作性能。此外,系统的导航精度也受雷达天线姿态的影响,当载体机动太大,无法接收到反射波时,多普勒雷达导航系统就会丧失工作能力。

3.4 卫星导航技术

卫星导航系统是一种以卫星为基础的无线电导航系统,由卫星发送高精度、全天时、全天候的导航、定位和授时信息,供海、陆、空领域的军民用户共享,实现对各种目标的定位、导航、监测和管理。

卫星导航是在美国的 GPS(Global Position System,卫星全球定位系统)的基础上发展起来的,美国国防部从 1973 年开始筹建 GPS,经过 20 余年的研究实验,耗资 300 亿美元,到 1994 年 3 月,全球覆盖率高达 98% 的 24 颗 GPS 卫星星座已布设完成并投入使用,由美国太空司令部负责管理 GPS 系统。GPS 因为在精确制导武器、国民经济导航定位等方面的广泛而成功的应用而获得快速发展与应用,但美国一直控制 GPS 的高精度导航应用,所以迫使俄罗斯、欧洲、中国等不得不研发自己的卫星导航定位系统,目前投入运行的全球导航卫星系统 (Global Navigation Satellite System,GNSS) 主要有 GPS(美国的全球卫星定位系统)、GLONASS(俄罗斯的全球导航卫星系统)、Galileo(欧洲卫星导航定位系统)和 Compass(中国北斗卫星导航系统),图 3.4.1、图 3.4.2 分别给出了全球四大卫星导航系统及其在空间分布情况的图片。

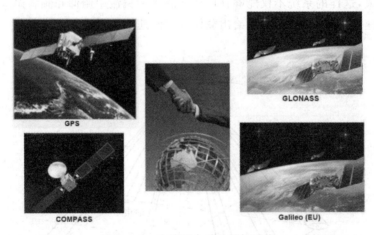

图 3.4.1 全球四大卫星导航系统

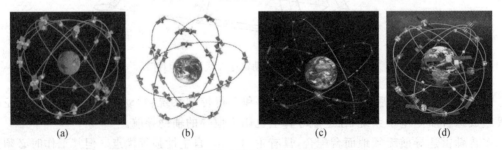

图 3.4.2 全球四大卫星导航系统星座分布图

(a)GPS 星座图; (b)GLONASS 星座图; (c)伽利略星座图; (d)北斗星座图

以美国的 GPS 为例,卫星导航定位系统由空间星座、地面测控站、用户接收机三部分组成,如图 3.4.3 所示。

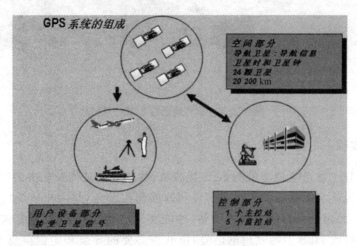

图 3.4.3　GPS 系统组成

一、GPS 空间星座

GPS 空间星座包括 24 颗星,分布在 6 个轨道平面内,每个轨道平面内含 4 颗卫星。卫星轨道平面相对地球赤道面的倾角为 55°,轨道平均高度为 20 200km,卫星运行周期为 11h58min,星座分布如图 3.4.4 所示。

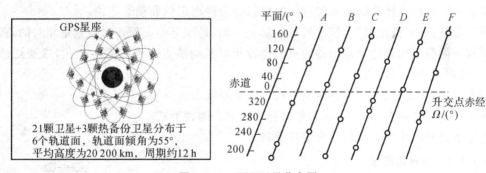

图 3.4.4　GPS 卫星分布图

二、GPS 地面测控站

GPS 地面测控站包括 1 个主控站,5 个全球监测站和 3 个地面控制站,如图 3.4.5 所示。每个监测站配有 GPS 接收机。监测站的主要任务是对每颗卫星进行观测,并向主控站提供观测数据。主控站采集各个监测站传送来的数据,根据采集的数据计算每一颗卫星的星历、时钟校正量、状态参数、大气校正量等,并按一定格式编辑成导航电文传送到注入站。地面控制站也称作地面天线,地面控制站与卫星之间有通信链路。由主控站传来的卫星星历和钟参数以 5 波段射频上行注入各个卫星。

图 3.4.5　GPS 地面控制部分组成

三、用户接收机

用户设备部分主要是各种类型的 GPS 接收机、数据处理软件及相应的用户设备。用户设备部分对用户来说是至关重要的。空间部分和地面测控部分,是用户广泛应用该系统进行导航和定位的基础,而用户只有通过用户设备,才能实现应用 GPS 导航和定位的目的。用户设备的主要任务是接收 GPS 卫星发射的信号,以获得必要的导航和定位信息及参数,经过数据处理,完成导航和定位等工作。

3.4.1　卫星定位原理

卫星导航是一种广义的动态定位,卫星定位方法按参考点的不同位置分为绝对定位和相对定位。

绝对定位(单点定位):在地球协议坐标系中,确定观测站相对地球质心的位置。

相对定位:在地球协议坐标系中,确定观测站与地面某一参考点之间的相对位置。

卫星定位按用户接收机作业时所处的状态分为静态定位和动态定位。

静态定位:在定位过程中,接收机位置静止不动,是固定的。静止状态只是相对的,在卫星大地测量中的静止状态通常是指待定点的位置相对其周围点位没有发生变化,或变化极其缓慢,以致在观测期内可以忽略。

动态定位:在定位过程中,接收机天线处于运动状态。

在绝对定位和相对定位中,又都包含静态和动态两种形式。

这里主要介绍绝对定位与差分定位原理。

3.4.1.1　绝对定位法

导航卫星发射的导航电文中包括测距精度因子、开普勒参数、轨道摄动参数、卫星钟差参数 Δt^j、大气传播迟延修正参数等。地面接收机根据码分多址(CDMA)或频分多址(FDMA)的特点区分各导航卫星,接收并识别相应的导航电文,测量发来信号的传播时间 Δt_i,利用导航电文中的一系列参数逐步计算出卫星的位置 (X_i, Y_i, Z_i)。再通过相应的解算,就可以得到地面点的位置。卫星定位原理如图 3.4.6 所示。

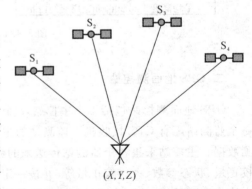

图 3.4.6　卫星定位原理图

设用户待定坐标为(X,Y,Z),卫星坐标分别为(X_i,Y_i,Z_i),$i=1,2,3,4$,接收机用户钟差为Δt_u,c为电波传播速度,则根据观测到的卫星可以列出方程为

$$\left.\begin{array}{l}\rho_1=\sqrt{(X_1-X)^2+(Y_1-Y)^2+(Z_1-Z)^2}+c\Delta t_u\\\rho_2=\sqrt{(X_2-X)^2+(Y_2-Y)^2+(Z_2-Z)^2}+c\Delta t_u\\\rho_3=\sqrt{(X_3-X)^2+(Y_3-Y)^2+(Z_3-Z)^2}+c\Delta t_u\\\rho_4=\sqrt{(X_4-X)^2+(Y_4-Y)^2+(Z_4-Z)^2}+c\Delta t_u\end{array}\right\}\quad(3.4.1)$$

式(3.4.1)为用户坐标(X,Y,Z)的非线性方程,欲确定$(X,Y,Z,\Delta t_u)$,令$\left\{\begin{array}{l}X=X_0+\Delta X\\Y=Y_0+\Delta Y\\Z=Z_0+\Delta Z\end{array}\right.$,

将式(3.4.1)在用户近似坐标(X_0,Y_0,Z_0)附近进行泰勒级数展开并取至一次项,得

$$\left.\begin{array}{l}\rho_1-\rho_{01}=\frac{\partial\rho_1}{\partial X}\Delta X+\frac{\partial\rho_1}{\partial Y}\Delta Y+\frac{\partial\rho_1}{\partial Z}\Delta Z+c\Delta t_u\\\rho_2-\rho_{02}=\frac{\partial\rho_2}{\partial X}\Delta X+\frac{\partial\rho_2}{\partial Y}\Delta Y+\frac{\partial\rho_2}{\partial Z}\Delta Z+c\Delta t_u\\\rho_3-\rho_{03}=\frac{\partial\rho_3}{\partial X}\Delta X+\frac{\partial\rho_3}{\partial Y}\Delta Y+\frac{\partial\rho_3}{\partial Z}\Delta Z+c\Delta t_u\\\rho_4-\rho_{04}=\frac{\partial\rho_4}{\partial X}\Delta X+\frac{\partial\rho_4}{\partial Y}\Delta Y+\frac{\partial\rho_4}{\partial Z}\Delta Z+c\Delta t_u\end{array}\right\}\quad(3.4.2)$$

其中

$$\left.\begin{array}{l}\frac{\partial\rho_i}{\partial X}=-\frac{X_i-X_0}{\rho_{0i}}\\\frac{\partial\rho_i}{\partial Y}=-\frac{Y_i-Y_0}{\rho_{0i}}\\\frac{\partial\rho_i}{\partial Z}=-\frac{Z_i-Z_0}{\rho_{0i}}\end{array}\right\}\quad(3.4.3)$$

$$\rho_{0i}=\sqrt{(X_i-X_0)^2+(Y_i-Y_0)^2+(Z_i-Z_0)^2},\quad i=1,2,3,4\quad(3.4.4)$$

记
$$A=\begin{bmatrix}\frac{\partial\rho_1}{\partial X}&\frac{\partial\rho_1}{\partial Y}&\frac{\partial\rho_1}{\partial Z}&1\\\frac{\partial\rho_2}{\partial X}&\frac{\partial\rho_2}{\partial Y}&\frac{\partial\rho_2}{\partial Z}&1\\\frac{\partial\rho_3}{\partial X}&\frac{\partial\rho_3}{\partial Y}&\frac{\partial\rho_3}{\partial Z}&1\\\frac{\partial\rho_4}{\partial X}&\frac{\partial\rho_4}{\partial Y}&\frac{\partial\rho_4}{\partial Z}&1\end{bmatrix}\quad(3.4.5)$$

$$\Delta\rho_i=\rho_i-\rho_{0i}\quad(3.4.6)$$

则线性方程组式(3.4.2)可写成矩阵形式为

$$A\begin{bmatrix}\Delta X\\\Delta Y\\\Delta Z\\c\Delta t_u\end{bmatrix}=\begin{bmatrix}\Delta\rho_1\\\Delta\rho_2\\\Delta\rho_3\\\Delta\rho_4\end{bmatrix}\quad(3.4.7)$$

由于 A 非奇异可逆,故有

$$
\begin{bmatrix}
\Delta X \\
\Delta Y \\
\Delta Z \\
c\Delta t_u
\end{bmatrix}
= A^{-1}
\begin{bmatrix}
\Delta\rho_1 \\
\Delta\rho_2 \\
\Delta\rho_3 \\
\Delta\rho_4
\end{bmatrix}
\tag{3.4.8}
$$

如果考虑到近似坐标精度比较低,坐标改正量 $(\Delta X,\Delta Y,\Delta Z)$ 的值较大,则可以用新的坐标 $(X_0+\Delta X,Y_0+\Delta Y,Z_0+\Delta Z)$ 作为新的近似坐标,重复上述迭代过程直至两次迭代坐标无明显差异为止。

得到卫星至接收机的距离的方法主要有测距码和载波相位法,由于测距码的码元较长,而载波的波长要短得多,如 GPS 导航电文载波 $\lambda_{L1}=19\mathrm{cm}$,$\lambda_{L2}=24\mathrm{cm}$。故用载波作为测量信号,精度要高得多。下面简述载波相位测量的原理。

若卫星 S 发出一载波信号,该信号向各处传播。设某一瞬间,该信号在接收机 R 处的相位为 φ_R,在卫星处的相位为 φ_S。φ_R 和 φ_S 为从某一起始点开始计算的包括整周数在内的载波相位,为方便起见,均以周数为单位。若载波的波长为 λ,则卫星 S 至接收机 R 的距离为 $\rho=\lambda(\varphi_S-\varphi_R)$。但这种方法实际上无法实现,因为无法测量到 φ_S。如果接收机的振荡器能产生一个频率与初相和卫星载波信号完全相同的基准信号,问题就迎刃而解,因为任何一个瞬间在接收机处的基准信号的相位就等于卫星处载波信号的相位。因此,$(\varphi_S-\varphi_R)$ 就等于接收机产生的基准信号的相位和接收到的来自卫星的载波相位之差 $\varphi(\tau_b)-\varphi(\tau_a)$。某一瞬间的载波相位测量值指的就是该瞬间接收机所产生的基准信号的相位 $\varphi(\tau_b)$ 和接收到的来自卫星的载波信号的相位 $\varphi(\tau_a)$ 之差。因此,根据某一瞬间的载波相位测量值就可以求出该瞬间从卫星到接收机的距离,从而求得接收机的三维坐标。

3.4.1.2 差分定位法

差分技术很早就被人们所应用。它实际上是在一个测站对两个目标的观测量、两个测站对一个目标的观测量或一个测站对一个目标的两次观测量之间进行求差。其目的在于消除公共项,包括公共误差和公共参数。差分技术在以前的无线电定位系统中已被广泛地应用。

GPS 是一种高精度卫星定位导航系统。在实验期间,它能给出高精度的定位结果。这时尽管有人提出利用差分技术来进一步提高定位精度,但由于用户要求还不迫切,所以这一技术发展较慢。随着 GPS 技术的发展和完善,应用领域的进一步开拓,人们越来越重视利用差分 GPS 技术来改善定位性能。它使用一台 GPS 基准接收机和一台用户接收机,利用实时或事后处理技术,就可以使用户测量时消去公共的误差源(如电离层和对流层效应)。

GPS 定位是利用一组卫星的伪距、星历、信息发布时间等观测量来实现的,同时还必须知道用户钟差。因此,要获得地面点的三维坐标,必须对 4 颗卫星进行测量。

在这一定位过程中,存在着三部分误差。第一部分是每一个用户接收机所公有的,例如,卫星钟误差、星历误差、电离层误差、对流层误差等;第二部分为不能由用户测量或由校正模型来计算的传播延迟误差;第三部分为各用户接收机所固有的误差,例如内部噪声、通道延迟、多径效应等。利用差分技术,第一部分误差完全可以消除,第二部分误差大部分可以消除,其主要取决于基准接收机和用户接收机的距离,第三部分误差则无法消除。

差分 GPS 定位是相对定位的一种特殊形式,应用非常广泛,称为 DGPS。根据差分 GPS

基准站发送的信息方式可将差分 GPS 定位分为三类,即位置差分、伪距差分和相位差分。这三类差分方式的工作原理是相同的,即都是由基准站发送改正数,由用户站接收并对其测量结果进行改正,以获得精确的定位结果。所不同的是,发送改正数的具体内容不一样,其差分定位精度也不同。差分定位原理如图 3.4.7 所示。

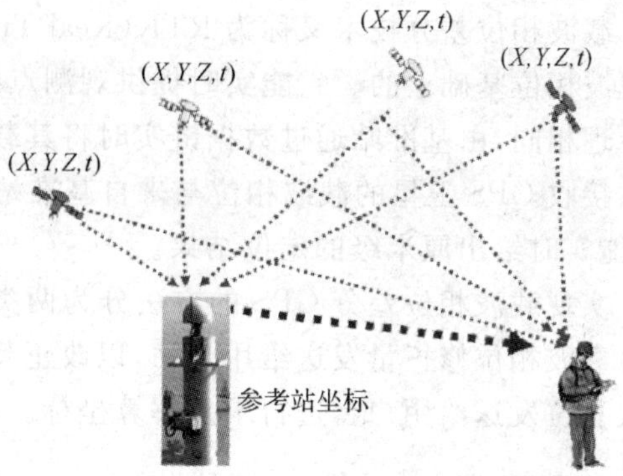

参考站坐标

图 3.4.7 差分定位原理图

一、位置差分原理

安装在基准站上的 GPS 接收机观测 4 颗卫星后便可进行三维定位,解算出基准站的坐标。由于存在着轨道误差、时钟误差、SA 影响、大气影响、多径效应以及其他误差,解算出的坐标与基准站的已知坐标是不一样的,存在误差。基准站利用数据链将此改正数发送出去,由用户站接收,并且对其解算的用户站坐标进行改正。最后得到的改正后的用户坐标已消去了基准站和用户站的共同误差,例如卫星轨道误差、SA 影响、大气影响等,提高了定位精度。以上先决条件是基准站和用户站观测同一组卫星的情况。位置差分法适用于用户与基准站间距离在 100km 以内的情况。

二、伪距差分原理

伪距差分是目前用途最广的一种技术。几乎所有的商用差分 GPS 接收机均采用这种技术。国际海事无线电委员会推荐的 RTCM SC - 104 也采用了这种技术。在基准站上的接收机求得它至可见卫星的距离,并将此计算出的距离与含有误差的测量值加以比较。利用一个 $\alpha - \beta$ 滤波器将此差值滤波并求出其偏差。然后将所有卫星的测距误差传输给用户,用户利用此测距误差来改正测量的伪距。最后,用户利用改正后的伪距来解出本身的位置,就可消去公共误差,提高定位精度。与位置差分相似,伪距差分能将两站公共误差抵消,但随着用户到基准站距离的增加又出现了系统误差,这种误差用任何差分法都是不能消除的。用户和基准站之间的距离对精度有决定性影响。

三、载波相位差分原理

测地型接收机利用 GPS 卫星载波相位进行的静态基线测量获得了很高的精度($10^{-6} \sim 10^{-8}$)。但为了可靠地求解出相位模糊度,要求静止观测一两个小时或更长时间。这样就限制了在工程作业中的应用。于是探求快速测量的方法应运而生。例如,采用整周模糊度快速逼近技术(FARA)使基线观测时间缩短到 5min,采用准动态(stop and go),往返重复设站(re-occupation)和动态(kinematic)来提高 GPS 作业效率。这些技术的应用对推动精密 GPS 测量起了促进作用。但是,上述这些作业方式都是事后进行数据处理,不能实时提交成果和实时评定成果质量,很难避免出现事后检查不合格造成的返工现象。差分 GPS 的出现,能实时给定载体的位置,精度为米级,满足了引航、水下测量等工程的要求。位置差分、伪距差分、伪距差分相位平滑等技术已成功地用于各种作业中。随之而来的是更加精密的测量技术——载波相位差分技术。

载波相位差分技术又称为 RTK(Real Time Kinematic)技术,是建立在实时处理两个测站的载波相位基础上的。它能实时提供观测点的三维坐标,并达到厘米级的高精度。与伪距差分原理相同,由基准站通过数据链实时将其载波观测量及站坐标信息一同传送给用户站。用户站接收 GPS 卫星的载波相位与来自基准站的载波相位,并组成相位差分观测值进行实时处理,能实时给出厘米级的定位结果。

实现载波相位差分 GPS 的方法分为两类:修正法和差分法。前者与伪距差分相同,基准站将载波相位修正量发送给用户站,以改正其载波相位,然后求解坐标。后者将基准站采集的载波相位发送给用户台进行求差解算坐标。前者为准 RTK 技术,后者为真正的 RTK 技术。

3.4.2　卫星测速原理

卫星在轨道上运行时,以固定频率连续发射信号,由于卫星与用户之间的距离在变化,要产生多普勒效应,因此用户设备接收到的信号频率是变化的。接收频率和卫星发射频率之差称为多普勒频移。设卫星频率为 f_s,接收机接收的卫星频率为 f_r,根据多普勒效应可得

$$\Delta f = f_s - f_r = \frac{f_s}{c}\dot{\rho} \tag{3.4.9}$$

式中,c 为电波传播速度,$\dot{\rho}$ 是卫星相对于接收机的距离变化率。

因此,如果能够测定多普勒频移,则可得距离变化率观测值为

$$\dot{\rho} = \frac{c}{f_s}\Delta f \tag{3.4.10}$$

这样,通过 4 颗或 4 颗以上卫星变化率方程,按照类似于解用户位置和用户钟差的方式,就可解出用户速度和用户钟差的变化率。

对式(3.4.1)求时间的导数,可得距离变化率方程为

$$\dot{\rho}_i = \frac{(X_i - X)(\dot{X}_i - \dot{X}) + (Y_i - Y)(\dot{Y}_i - \dot{Y}) + (Z_i - Z)(\dot{Z}_i - \dot{Z})}{\sqrt{(X_i - X)^2 + (Y_i - Y)^2 + (Z_i - Z)^2}} + c\Delta \dot{t}_u, \quad i = 1,2,3,4 \tag{3.4.11}$$

使用与用户位置解算类似的记法,式(3.4.11)可变形为

$$\frac{\partial \rho_i}{\partial X}(\dot{X} - \dot{X}_i) + \frac{\partial \rho_i}{\partial Y}(\dot{Y} - \dot{Y}_i) + \frac{\partial \rho_i}{\partial Z}(\dot{Z} - \dot{Z}_i) + c\Delta \dot{t}_u = \dot{\rho}_i, \quad i = 1,2,3,4 \tag{3.4.12}$$

即

$$A \begin{bmatrix} \dot{X} - \dot{X}_i \\ \dot{Y} - \dot{Y}_i \\ \dot{Z} - \dot{Z}_i \\ c\Delta \dot{t}_u \end{bmatrix} = \begin{bmatrix} \dot{\rho}_1 \\ \dot{\rho}_2 \\ \dot{\rho}_3 \\ \dot{\rho}_4 \end{bmatrix} \tag{3.4.13}$$

解之得

$$\begin{bmatrix} \dot{X} \\ \dot{Y} \\ \dot{Z} \\ c\Delta \dot{t}_u \end{bmatrix} = A^{-1} \begin{bmatrix} \dot{\rho}_1 \\ \dot{\rho}_2 \\ \dot{\rho}_3 \\ \dot{\rho}_4 \end{bmatrix} + \begin{bmatrix} \dot{X}_i \\ \dot{Y}_i \\ \dot{Z}_i \\ 0 \end{bmatrix} \tag{3.4.14}$$

3.4.3　卫星定向原理

利用接收机进行 GPS 定向需两个 GPS 卫星信号接收天线,如图 3.4.8 所示,两个天线(天线 1 和天线 2)分别位于航行器的两端,基线长度为 7.5m。接收机可以测量载波相位、伪距和多普勒等观测量信息,两个天线构成一条基线,使该基线与系统平台的轴线方向重合。利用接收机的观测数据,即可完成系统平台二维姿态(方位角和俯仰角)的精确标定。

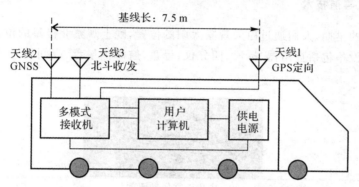

图 3.4.8　利用 GPS 定位天线定向安装示意图

利用 GPS 进行载体姿态确定的工作原理是在载体表面上配置多个天线,根据测量得到的各天线 GPS 载波信号的相位差,来实时确定运载体本体坐标系相对某个参考坐标系的角位置,从而求得载体的姿态。它反映的是线与面或面与面的关系问题。由两个天线构成的一条基线可以确定载体在空间的方位角和俯仰角,若要确定载体的三维姿态,则至少需要 3 个不共线的天线。

GPS 方位标定的基本原理可以用以下的原理图和公式来描述。

图 3.4.9 中所示为 GPS 载波相位定向原理图,其中,$\Delta\rho$ 为基线两端的天线到同一颗导航星的距离差,它等于基线矢量 $\boldsymbol{b}^{\mu}$ 在 GPS 卫星视线方向 $\boldsymbol{s}^{\mu}$ 上的投影为

$$\Delta\rho = \boldsymbol{b}^{\mu} \cdot \boldsymbol{s}^{\mu} = |\boldsymbol{b}|\cos\theta \tag{3.4.15}$$

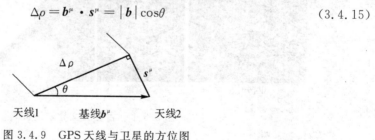

天线1　　　基线$\boldsymbol{b}^{\mu}$　　　天线2

图 3.4.9　GPS 天线与卫星的方位图

如果 $\boldsymbol{s}^{l}$ 是导航星视线方向在当地地理坐标系中的向量,$\boldsymbol{b}^{b}$ 是基线矢量 $\boldsymbol{b}^{\mu}$ 在载体坐标系内表示的向量,则有

$$\Delta\rho = \boldsymbol{b}^{\mu} \cdot \boldsymbol{s}^{\mu} = (\boldsymbol{b}^{b})^{\mathrm{T}} \cdot \boldsymbol{C}_{b}^{l} \cdot \boldsymbol{s}^{l} \tag{3.4.16}$$

式中,$\boldsymbol{C}_{b}^{l}$ 是载体坐标系到地理坐标系的转换矩阵,它包含了载体的姿态角。

3.5 天文导航技术

3.5.1 天文导航

一、古代天文导航技术

在人类社会的早期,人们通过白天观察太阳的位置,晚上观察北极星的位置来辨别南北方向。采用的观测设备包括直角器、标尺、四分仪、星盘、航海员星盘、夜间计时仪等,如图 3.5.1 所示。

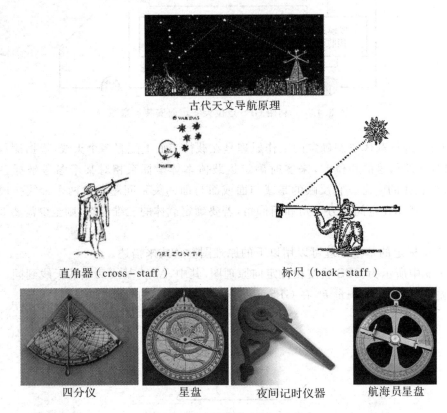

古代天文导航原理

直角器(cross-staff)   标尺(back-staff)

四分仪   星盘   夜间记时仪器   航海员星盘

图 3.5.1　古代天文导航设备

二、现代天文导航技术

现代天文导航利用天体敏感器测量天体方位,通过计算确定航行器的空间运动参数,是一种自主导航方法。被观测的天体包括月球、地球、太阳、其他行星和恒星、X 射线脉冲星(见图 3.5.2)。

天文导航的核心器件是天体敏感器(星敏感器),主要功能是:以恒星作为姿态测量的参考源,输出恒星在星敏感器坐标下的矢量方向,为航天器的姿态控制和天文导航系统提供高精度测量数据。

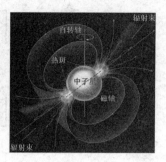

图 3.5.2 现代天文导航观察的星体

按敏感天体的不同分为地球敏感器、太阳敏感器、月球敏感器、恒星敏感器和行星敏感器等;按所敏感光谱的不同分为可见光敏感器、红外敏感器和紫外敏感器;按光电敏感器件的不同可分为 CCD 天体敏感器和 CMOS APS 天体敏感器。

三、现代天文导航原理

现代天文导航原理如图 3.5.3 所示。

利用安装在飞行器上的星敏感器测量飞行器 P 指向某颗恒星 S_1^* 和某颗近天体 1 之间的视线角 A_1,飞行器位置可由以近天体 1 为圆锥顶点,半圆锥角为 φ_1,圆锥角为 $2\varphi_1(180-A_1)$ 的一个圆锥面来确定。

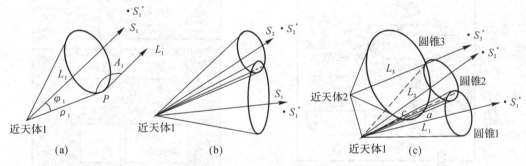

图 3.5.3 天文导航原理图

因飞行器至近天体 1 的距离是未知的,故无法求得飞行器的具体位置,为此,需要对第二颗恒星 S_2^* 和同一天体进行测角,得到顶点仍为近天体 1 处的第二个圆锥面,该圆锥面的顶角为 $2\varphi_2$,半顶角为 φ_2。

两锥相交确定了两条直线,飞行器便位于其中一条线上,但无法确定在哪条线上,因此需要对第二颗近天体 2 及第三颗恒星 S_3^* 进行测量,得到以第二颗近天体 2 为顶点的第三个圆锥面,且与前两个圆锥面相交于两点 a 和 c,再通过适当方法从 a 和 c 两点中选择出一个真实点,该点即可表示飞行器相对某一天体的位置。这种定位方法需要一个恒星表和至少两颗近天体的星历信息。各种天文定位技术都需要这些基本信息。

星敏感器工作原理及硬件结构组成见图 3.5.4 ~ 图 3.5.6。

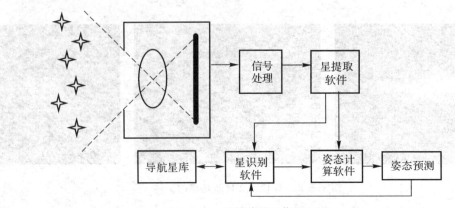

图 3.5.4　星敏感器工作原理图

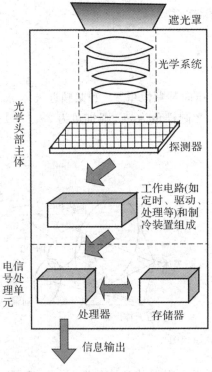

图 3.5.5　星敏感器组成示意图

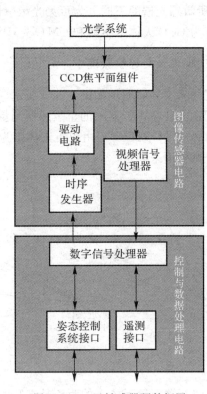

图 3.5.6　星敏感器硬件框图

天文导航主要有下述特点。

1) 自主式制导——以天体为制导信息,被动地接收天体辐射信号,进而获取制导信息,具有完全自主,安全隐蔽的特点;

2) 抗干扰高可靠——天体辐射覆盖了 X 射线、紫外、可见光直至红外的整个电磁波频谱,具有极强的抗干扰能力,天体空间运动规律不受人为破坏,从根本上保证了天文制导最完备的可靠性;

3) 可同时提供位置和姿态信息——天文导航不仅可以提供载体的位置信息,还可以提供姿态信息,且通常不需要硬件成本;

4）设备简单——不需要地面设备的支持,易于工程实现,成本低廉,容易实现小型化;

5）导航误差不随时间积累——地球到恒星的方位基本不变,因此天体测量仪器就相当于惯导系统中没有漂移的陀螺仪。

星光导航的不足:受到星体能见度的限制,在低空易受阴云天气影响,且计算比较复杂,只能离散地进行定位定向。因此,天文导航系统通常与惯性导航系统组成复合制导系统。

3.5.2　脉冲星导航

脉冲星是一种高速旋转的中子星(见图 3.5.7(a)),其自转轴与磁轴不在同一个方向上,脉冲星转动时带着辐射光束在宇宙中扫过一个巨大的锥形,当光束扫过航天器或观测者时,就可以探测到一个脉冲信息,被称为宇宙中的天然"灯塔"(见图 3.5.7(b))。

脉冲星的脉冲辐射周期极其稳定,被称为"自然界最精确的频率基准"。脉冲辐射的周期性和稳定性是脉冲星能应用于导航的根本属性。

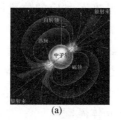

(a)　　　　　　　　　(b)

图 3.5.7　脉冲星导航

X 射线脉冲星导航本质上是一种天文导航技术,其基本原理如图 3.5.8 所示:通过计算卫星和太阳系质心(SSB)之间的脉冲到达时间(TOA)差,确定在脉冲星视线方向上卫星到太阳系质心之间的距离;在星上时间系统能够实现精确计时的前提下,若同时获得 3 颗以上脉冲星的距离观测量,则可以确定卫星在惯性系下的三维位置。

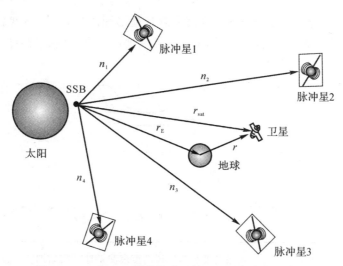

图 3.5.8　基于 X 射线脉冲星的卫星几何定轨示意图

基于 X 射线脉冲星的导航系统是以宇宙天体作为定位的基准,具有相当高的可靠性。它的构造实际上只是一种接收装置,具有非常好的安全和隐蔽性能。

脉冲星资源众多,目前探测到 X 射线脉冲星 50 余颗,因而能够获得较小的导航定位精度因子,确保导航定位精度。基于现有技术条件,XNAV 的概算定位精度为 100m,定姿精度为 0.01°,测速精度为 0.01m/s,授时精度小于 1μs,其导航精度接近或优于 GPS 水平。相比传统的光学、射电天文导航技术,基于 X 射线脉冲星导航拓展了导航用的天体和频谱,是一种全新的航天器自主天文导航技术。

3.6 匹配导航技术

匹配导航以高山、标志性建筑物等地标性物体为基准,以地标所在区域的地形/地貌、图像/景象、地磁场分布、重力场分布为特征,将地标周边的地形/地貌、图像/景象、地磁场分布、重力场分布等特征按对应的位置制作成数字基准图,当航行器航行至地标附件时,传感器实时感测航行器所在区域的地形/地貌、图像/景象、地磁场分布、重力场分布等特征,得到目标区的实时图,将实时图与基准图进行匹配比较,成功匹配的基准图对应的位置即是航行器当前时刻所处的位置。

匹配导航按信息特征的不同分为地形匹配、地图匹配(景象匹配)、重力场匹配和地磁场匹配;按所用图像遥感装置的不同分为光学图像匹配、雷达图像匹配、微波辐射图像匹配;按图像信息提取方法的不同分为主动式图像匹配和被动式图像匹配;按图像空间几何特征的不同分为一维匹配(线匹配)、二维匹配(面匹配)和三维匹配(立体匹配)。

3.6.1 地形匹配导航

地形匹配导航(又称地形辅助导航,Terrain Aided Navigation,TAN)以地形轮廓(等高线)为匹配特征,通常用微波(或激光)雷达高度表作为敏感装置,把沿航行器航行路线测取的一条地形等高线剖面图(实时图)与预先存储的地形基准图在相关器内进行匹配,从而确定航行器的地理位置。

图 3.6.1 给出了雷达高度表与气压高度表测量地形图原理,气压高度表测得航行器相对海平面的高度(绝对高度),雷达高度表测量航行器离地面的高度(相对高度),二者相减得地形高程信息。

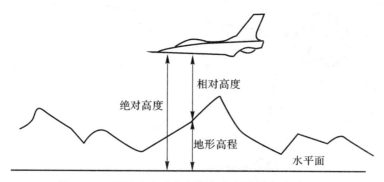

图 3.6.1 雷达高度表与气压高度表测量地形图原理

雷达高度表是一种脉冲式雷达测高装置,利用窄脉冲进行高度的精确测量。雷达高度表在空中向地面发射脉冲高频电磁波,该电磁波碰到地面后形成反射回波,利用电磁波在自由空间传播的等速性(光速 $c = 3 \times 10^8 \mathrm{m/s}$)、直线性和均匀性,高度表测量接收到的回波脉冲相对发射脉冲的延迟时间 t_H,也就是导弹相对地面的高度 $H = \frac{t_H \cdot c}{2}$。高度表有两种跟踪方式,一是前沿跟踪方法,在地形跟踪、气压修正、下视景象匹配区,测量回波脉冲前沿相对发射脉冲前沿的时间延迟来确定被测高度,在复杂地形下,地形匹配和山区气压修正采用能量质心算法来确定被测高度。

气压高度系统是利用大气压随高度增加而减小的原理来测量海拔高度的一种高程测量系统,主要由静压受感器,气压受感器、总温测量装置和大气数据处理软件、组合高度软件模块、气压高度修正软件模块等组成。航行器航行时的气压通过测量静压、气压和总温信号同时输入到信息处理系统中,利用大气数据处理软件模块可解算出大气温度、气压高度(海拔高度)和马赫数等信息。

一、基准图的制备

地形匹配导航的一个基础性工作是制作基准数字地形图,即用飞机或侦察卫星对目标区域进行侦察,获得目标区的位置和对应的地形信息,形成基准数字地形图。

数字高程地图制备过程主要是把一幅相当于地面上某个区域的地图分成许多小方格(如在实际工作中,通常把要航行的路线分成许多匹配区,一般是边长为几公里的矩形,再将该区分成许多正方形网格,正方形的边长一般是 $20 \sim 60\mathrm{m}$),在每一个小方格内记入该方格对应的地形的平均海拔高低,得到一个数字阵列(阵列中的每一个元素对应该阵列对应地形的平均海拔高度)。图 3.6.2 显示了利用等高线制作数字高程地图的过程。

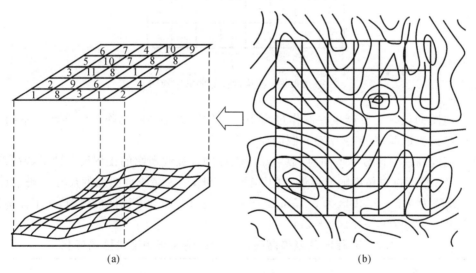

(a)　　　　　　　　　　　　　　(b)

图 3.6.2　数字高程地图制备原理图

通常,原图是预先通过大地测量、侦察卫星、无人侦察机等高空侦察手段获得地面目标区域或航线区域的实际地形图、卫片或航片后,经过图像预处理转换成适合于实时地形匹配的形式,存储在航行器(如导弹、飞机等)供其使用。数字高程地图的制作方法主要有以下几种。

1) 采用大地测量的方法直接从地形上测出高程;

2）利用航空摄影包括无人侦察机测量图片,采用数字高程判读仪从照片上读取高程;

3）利用侦察卫星或高精度商用遥感卫星获得的照片读取高程;

4）从小比例尺普通等高线地形图上读取高程。

读取的高程通常按格网距离存放。为使格网点上的数值能反映格网平面内的"真实"高程,通常将格网平面正方形区域内的高程取平均值。也可根据系统协方差分析的仿真结果来决定。

格网距离的大小与所需定位精度和存储量有关。网格不能划分太粗,应以能够分辨出要求的地貌特征为准。一般要分辨出公路,网格应取 25m×25m。但网格也不能取得太细,这样会增加相关计算机的存储量和计算速度。因为实际上要存储多幅沿航路的原图,为降低对计算机的要求,通常取网格为 50m×50m,100m×100m 等。而一幅原图的图幅区域远大于网格值,如 5km×20km,10km×36km 等。

图 3.6.3 所示为按格网方式存储的数字地图,图中格网距离取为等间距 d。

1	2	4	4	1	5	6	3	
3	4	6	6	2	9	8	5	
2	5	6	7	4	11	9	7	
3	4	5	10	7	8	8	7	$\}d$
2	4	3	11	8	1	7	2	
1	4	2	9	6	2	1	1	
2	5	1	8	3	1	2	2	
3	3	1	6	2	3	2	3	

图 3.6.3　按格网存储的数字地图

数字地图的误差主要产生在制作过程中。不同的数字地图制作方法会产生不同的误差源。一般包括测量误差、判读误差和制图误差等。

如利用等高线制作数字地图时,数字高程精度随等高线地图的比例尺和地形特征而变,可参阅表 3.2。平面位置精度随地形类型的不同而变化,用等高线地图上的尺寸来表示:平原为 0.5mm,丘陵为 0.5mm,山区为 0.75mm。例如对于 1∶10 000 比例尺地图,在平原地区的位置误差为 0.5×10 000÷1 000＝5m。

表 3.2　高程误差随等高线地图的比例尺与地形类型的变化

比例尺		1∶25 000	1∶50 000	1∶100 000
地形特征	平　原	1.5m	3.0m	6.0m
	丘　陵	2.2m	4.5m	9.0m
	山　区	3.0m	6.0m	12.0m

在数字地图制作中,位置误差可转换为高程误差考虑。目前用小比例尺等高线地图制作的数字地图的高程精度通常为 3～5m。利用航测照片或卫测照片制作数字地图的高程误差源有以下几项:照片成像误差;高程判读误差;由平面位置坐标误差引起的高程误差;以单点表示网格平面高度的拟合误差;读数量化误差;等等。上述几项的总高程误差约为 5m。总之,由数字地图制作导致的误差可近似为白噪声。

二、地形匹配导航

地形匹配原理如图 3.6.4 所示。在航行过程中,航行器上的雷达高度表测得航行器离地面的高度(相对高度),航行器上的气压高度表测得航行器的海拔高度,二者相减,即得航行器在实际航迹下某区域的地形高度数据。将实测地形高度数据串与航行器计算机存储的预定航迹下对应该区域的地形高度数据矩阵逐次一列一列地比较(相关运算),得到测量数据与预存数据的最佳匹配,最佳匹配处对应的位置就是航行器所处的位置。

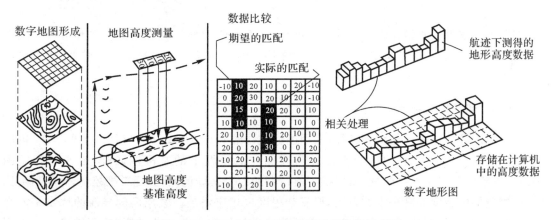

图 3.6.4　基于相关匹配的地形匹配导航原理图

3.6.2　地磁场匹配导航

地球和近地空间存在的磁场称为地磁场(见图 3.6.5)。处在地球近地空间内任意一点都有磁场强度,并且不同位置的磁场强度大小和方向是不同的,地磁场是一个矢量场,它有多个特征量,如总磁场强度、水平磁场强度、东向分量、北向分量、垂直分量、磁偏角、磁倾角以及磁场梯度等,这些地磁特征量相对稳定不变,可以作为导弹的制导信息。

地磁匹配制导把预先规划好的航迹上某些点的地磁场特征量绘制成参考图(或称基准图),存储在航行器的计算机上,当航行器航行至这些地区时,由地磁匹配测量仪实时测量出航行器所在区域的地磁场特征量,构成实时图,实时图与基准

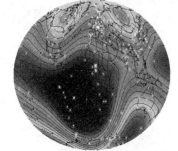

图 3.6.5　地球表面磁场的分布图

图进行匹配计算,匹配的基准图所对应的位置即为航行器所在的位置。地磁匹配原理如图 3.6.6所示。

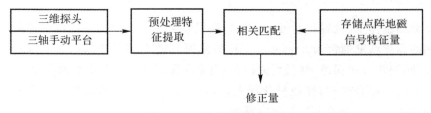

图 3.6.6　地磁匹配原理图

3.6.3　重力场匹配导航

地球有一个内在的三维形态的地球引力场。重力场匹配制导原理是:将预先规划好的导弹飞行航迹上某些点的重力场特征量绘制成参考图(或称基准图),存储在航行器的计算机上,当航行器航行至这些地区时,由重力梯度测量仪实时测量出航行器所在位置的重力场特征量,构成实时图,实时图与基准图进行匹配计算,匹配的基准图所对应的位置即为航行器所在的位置。

随着现代重力场测量技术水平的日益提高,重力场匹配导航具有更加重要和可行的现实意义,特别是对我国来说意义更大,可克服和弥补我国惯性导航仪器精度水平较低、战时很可能无 GPS 导航信号标校惯导仪器的缺陷。

3.6.4　景象匹配导航

景象匹配导航以区域地貌为特征,采用图像成像装置(雷达式、微波辐射式、光学式)摄取沿航行轨迹或目标区附近的区域地图并与存储在航行器上的基准图匹配,工作原理见图 3.6.7。景象匹配属于二维匹配,可以确定航行器的两个坐标偏差,实现二维控制,导航精度比地形匹配制导的精度提高一个数量级,但复杂程度也相应增加。景象匹配导航的优点是能在平原地区使用,但目标特征不易获得,基准源数据受气候和季节变化的影响,不够稳定。采用光学匹配时,还受一天内日照变化的影响和气象条件的限制。

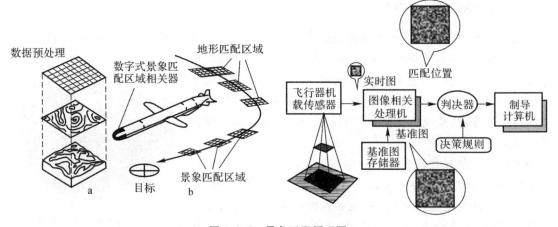

图 3.6.7　景象匹配原理图

景象匹配导航按匹配系统所利用的地面匹配特征信息(如地物的雷达反射率、可见光图像、红外辐射率等)的不同,可构成光学景象匹配制导、雷达景象匹配制导、红外景象匹配制导等各种形式。例如,"战斧"巡航导弹 BGM－109C/D,Block Ⅲ C/D 采用 DSMAC 光学景象匹配系统;美国"潘兴"Ⅱ与俄罗斯"白杨"－M 采用的是雷达景象匹配制导系统 RACTG;"战术战斧"Block Ⅳ是利用 GPS 接收机和卫星上的合成孔径雷达图像进行中制导,利用红外成像进行末制导,制导精度与可靠性进一步提高。

景象匹配导航按匹配策略的不同可分为内含式匹配和穿越式匹配两种。内含式匹配的特点是大基准图、小实时图,小实时图都包含在基准图内。美国早期的战斧巡航导弹就采用内含式匹配方法,该方法也是景象匹配研究和应用的最主要方法。穿越式匹配的特点是小基准图、大实时图,采用连续采图的方式进行特征点搜索。俄罗斯采用该方法(其采用线阵推扫相机)。

景象匹配导航按照匹配处理的数据对象匹配算法可分为 3 个层次:基于像素灰度的匹配算法;基于图像特征的匹配算法;基于图像理解和知识推理(又称基于解释)的匹配算法。基于像素灰度的匹配算法直接利用图像的灰度信息进行匹配运算,每一像素的灰度特性对匹配结果都产生影响,具有定位精度高等优点,但易受干扰。经典的 AD,MAD,MSD,NProd 及 SSDA 等算法均是灰度匹配算法。基于图像特征的匹配算法首先根据图像的灰度特性提取图像的固有特征,然后在这些特征的基础上进行匹配。这类方法比基于灰度的匹配算法具有更高的可靠性,在多源景象匹配中具有重要的应用意义,但这类算法对特征提取方法具有很强的依赖性。基于图像理解和知识推理的匹配算法是建立在模式识别、人工智能、专家系统的基础上,需要依据先验知识建立目标区域专家库。目标的检测识别技术是这类方法的核心内容,其通常用于典型目标的匹配定位和前视景象匹配。

3.7　视觉导航技术

视觉是人类观察世界、认识世界的重要功能手段,为人类提供了多达 70%以上的外部信息。视觉也被认为是机器人最主要的感知能力。视觉传感器为机器人提供了十分丰富的外界信息,并且在不需要传感器的运动及物体无任何接触的情况下,就可以达到对环境和目标的识别,这是其他传感器难以做到的。因此,机器人视觉技术是机器人智能化水平的一个重要体现。

视觉导航是利用影像传感器(光学或红外摄像机、激光成像雷达等)摄取环境图像,运用机器视觉等相关技术处理图像,提取并识别相关信息,估计出运动载体在环境中的位置和姿态,进而控制载体运动,实现自动导航的一种新型导航方法。

人们研究计算机视觉旨在使计算机具有通过二维图像认知三维环境信息的能力,这就是立体视觉技术,这种能力将不仅使机器能感知三维环境中物体的几何信息,包括它的形状、位置、姿态和运动等,并且能对它们进行描述、存储、识别与理解。

视觉导航技术的发展得益于近年来图像技术的发展,特别是计算机图像技术的发展。"图像工程"这一概念的提出为图像技术研究中出现的新理论、新方法、新算法提供了一个整体框架。根据抽象程度的不同可将图像工程分为 3 个层次:图像处理、图像分析和图像理解。图像处理着重强调在图像之间进行变换,泛指各种图像技术。如:图像变换、图像增强、图像压缩编码等。图像分析主要是对图像中感兴趣的目标进行检测和测量,建立对图像的描述,如:图像分割,边缘检测,目标表达、描述、测量等。图像理解的重点是在图像分析的基础上得出对图像内容含义的理解以及对原来客观场景的解释,从而指示和规划行动,如:图像解释、推理等。

视觉导航系统的研究主要面临以下几个方面的问题:自定位、避障、导航地图的构造和路径规划。在具体应用中还有目标定义和目标识别以及传感器融合的问题。目前,很多飞行器都利用视觉系统采集图像,用于侦察和勘探。如果能利用自带的成像系统进行飞行器的飞行姿态估计,势必能提高设备的利用率。基于图像统计信息可以估计出飞行器的滚转角与俯仰角,提高姿态估计的实时性和鲁棒性,并且可以解决姿态估计过程中滚转角与俯仰角耦合的问题。这种方法适用于装备以视觉系统作为导航系统的飞行器,尤其是装备小型视觉系统的微小型飞行器。

3.7.1 视觉导航原理

一、视觉导航坐标系

在图像跟踪系统中,地面坐标系是以二轴经纬仪两轴交点为原点建立的,并且与摄像机的中心重合。例如,某飞机的视角导航地面坐标系如图 3.7.1 所示,图中飞机降落的跑道为 z 轴,飞机跑道上某点为原点,沿飞机来向与 z 轴垂直的轴为 x 轴,与 x 轴、z 轴构成右手关系确定 y 轴,就形成了飞机视角导航地面坐标系。

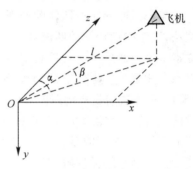

图 3.7.1　飞机视角导航地面坐标系

二、单摄像机视觉导航原理

取上述视觉导航地面坐标系,单目视觉原理如图 3.7.2 所示。

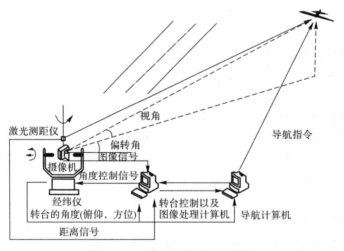

图 3.7.2　单目视觉原理示意图

要得到飞机在地面坐标系中的坐标 (x, y, z),可以通过测量飞机到原点的距离 l,以及飞机与跑道的侧偏角 α、飞机的仰角 β 三个参数来计算飞机在地面坐标系中的坐标。计算方法是

$$\left.\begin{array}{l} x = l\cos\beta\sin\alpha \\ y = -l\sin\beta \\ z = l\cos\beta\cos\alpha \end{array}\right\} \tag{3.7.1}$$

每个参数的测量及系统的连接如图 3.7.2 所示,系统的连接是将摄像机和激光测距仪安装在一个有俯仰和方位两个自由度的二轴经纬仪上,通过经纬仪运动,使摄像机和激光测距仪始终对准飞机。距离信号直接由激光测距仪测出传送到导航计算机和图像处理计算机。而飞机与跑道的侧偏角 α 就是经纬仪的方位角,飞机的仰角 β 就是经纬仪的俯仰角。图像处理计算机的任务是将得到的图像理解,计算出目标即飞机的重心在图像坐标中的坐标 (u, v),然后根据图像坐标到经纬仪转角的转换,来控制摄像机对准飞机,使飞机始终处于视场中,即实现图像的跟踪。导航计算机只需随时读取经纬仪的角度 α 和 β 以及激光测距仪测得的距离 l 就可以计算得到飞机在地面坐标系下的坐标 (x, y, z)。再用其他方法获取飞机的姿态角信息就可以实现飞机的自主着陆导航。因此飞机图像跟踪将是整个系统中的一个关键技术,设计出快速,准确的飞机跟踪算法将是整个系统能否安全工作的关键。

三、双摄像机的视觉导航原理

在单摄像机视觉导航系统中,由于只有一个摄像机,从空间三维坐标映射到图像坐标,将丢失一维信息,所以要借助于激光测距仪补充丢失信息。能否在没有激光测距仪的情况下,实现三维定位呢? 这自然而然地使我们想到了人类的视觉系统,从而提出了双摄像机视觉导航原理,其原理如图 3.7.3 和图 3.7.4 所示。

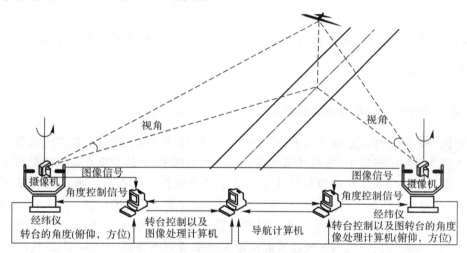

图 3.7.3　双目视觉原理示意图

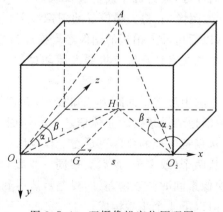

图 3.7.4　双摄像机定位原理图

双摄像机视觉导航需要两个图像跟踪系统同时工作,它不需要激光测距仪或其他测距装置,它是根据三角测距原理来测定距离的。取两个图像跟踪系统中的某一个的摄像机镜头中心为原点建立地面坐标系,坐标系的 x 轴上安装另一个图像跟踪系统,设两个图像跟踪系统的摄像机镜头中心的距离为 s。两个图像跟踪系统分别独立工作,将各自测得的经纬仪的俯仰角和方位角通过串口或网络传送到导航计算机。双摄像机视觉导航的空间定位原理如图 3.7.4 所示,图中 A 为飞机所在的位置,$O_1O_2 = s$,α_1,α_2,β_1,β_2 可以从两个图像跟踪系统中的经纬仪中直接获取,令 $HG = h$,则由

$$h\tan\alpha_1 + h\tan\alpha_2 = s \tag{3.7.2}$$

可得

$$h = \frac{s}{\tan\alpha_1 + \tan\alpha_2} \tag{3.7.3}$$

从而可以得到导航参数为

$$\left. \begin{aligned} x &= h\tan\alpha_1 = \frac{s\tan\alpha_1}{\tan\alpha_1 + \tan\alpha_2} \\ y &= \frac{h\tan\beta_1}{\cos\alpha_1} = -\frac{s\tan\beta_1}{\cos\alpha_1(\tan\alpha_1 + \tan\alpha_2)} \\ z &= h = \frac{s}{\tan\alpha_1 + \tan\alpha_2} \end{aligned} \right\} \tag{3.7.4}$$

通过上式,即可计算出无人机的空间位置,再配合其他导航方式可实现无人机自动着陆导航。

3.7.2 视觉导航实例

一、双目立体视觉导航移动式机器人

移动机器人是一种在复杂环境下工作的具有自规划、自组织、自适应能力的机器人。在移动机器人的相关技术研究中,导航技术可以说是其核心技术,也是实现真正智能化和完全自主移动的关键技术。导航研究的目标是在没有人干预下使机器人有目的地移动并完成特定任务,进行特定操作。机器人通过装配的信息获取手段,获得外部环境信息,实现自我定位,判定自身状态,规划并执行下一步动作。由于计算机视觉理论及算法的发展,视觉导航成为导航技术中一个重要发展方向。机器人利用装配的摄像机拍摄周围环境的局部图像,然后通过图像处理技术,如特征识别、距离估计等,进行机器人定位及规划下一步的动作。有研究人员利用 Fourier 变换处理机器人全方位图像,并将关键位置的图像经 Fourier 变换所得的数据存储起来作为机器人定位的参考点,以后机器人拍摄的图像经变换后与之相对照,从而得知机器人当前位置。也有研究人员利用视觉技术计算解决机器人运动过程中的避碰点,从而实现机器人局部路径规划。

立体视觉是被动式测距方法中最重要的距离感知技术,它直接模拟了人类视觉处理景物的方式,可以在多种条件下灵活地测量景物的立体信息。其作用是其他计算机视觉方法所不能取代的,对它的研究,无论从视觉生理的角度还是在工程应用中都具有十分重要的意义。

立体视觉的基本原理是从两个(或多个)视点观察同一景物,以获取在不同视角下的感知图像,通过匹配算法求得图像像素间的位置偏差(即视差),然后利用三角测量原理来获取景物的三维信息。立体视觉一般由以下 4 个步骤构成。

1. 图像采集

图像采集的方式一般有两种：一是用多个(一般为两个)摄像机从不同位置获取周围景物的多幅数字图像；二是使用一个摄像机在不同位置或不同成像条件下获取周围景物的多幅数字图像。这种图像被称为"立体图像对"。

2. 摄像机标定

摄像机成像过程就是将三维空间中的景物点映射为二维图像平面中的像素点。摄像机标定过程就是通过图像平面上的像素点和三维空间中的景物点的对应关系和图像平面上像素点自身的约束关系重建这个映射过程，以此来得到摄像机之间的对应关系。

3. 立体匹配

立体匹配是指在立体图像对中确定空间同一景物点在不同成像平面中像点的对应关系的过程。立体匹配问题是立体视觉中最复杂和困难的问题，也是当前制约立体视觉发展的瓶颈。

4. 3D坐标的重建

立体视觉的关键在于图像匹配，一旦精确的对应点建立起来，距离的计算相对而言只是一个简单的三角计算而已。在得到空间任一点在两个图像中的对应坐标和摄像机参数的条件下，可以计算空间点的深度信息，进而可以计算空间点的三维坐标。

上述4个步骤可粗略分为两个阶段：第一阶段是在两幅图像中找到匹配点；第二阶段是根据对应的匹配点和相机参数得到景物的三维信息。如果已知两部相机之间的几何关系和点与点的相对位移，第二阶段实质上是一个三角测量的过程，相对简单。而计算景物点三维位置信息的准确度依赖于匹配的准确度，因此解决整个立体视觉的关键在第一阶段，即两幅图像之间匹配关系的建立，即立体匹配。

立体视觉技术研究要达到的基本目的有3个：①根据多幅二维投影图像计算出观察点到目标物体的距离；②根据多幅二维投影图像计算出目标物体的运动参数；③根据多幅二维投影图像计算出目标物体的表面物理特性。要达到的最终目的是实现对于三维景物世界的理解，也就是利用二维投影图像来重构三维物体的可视部分[17]。

二、智能车辆视觉导航

智能车辆是当今世界车辆工程领域的研究前沿和热点。智能车辆是集环境感知、规划决策、辅助驾驶等功能于一体的综合智能系统，是计算机视觉、人工智能、控制理论和电子技术等多个技术学科交叉的产物，代表了未来车辆的发展方向，具有十分广阔的应用前景。视觉导航智能车辆已经成为当今智能车辆的发展主流。计算机视觉系统是智能车辆感知局部环境的重要"器官"，它以地面上涂设的条带状路标作为路径标识符，运用计算机视觉快速识别路径，其最优导向控制器能够保证对路径进行准确跟踪[12]。

与其他导航方式相比，车辆视觉导航具有以下突出优点：①路径设置简单、灵活、成本低，便于维护与改线；②采用图像处理技术可以很方便地识别多停车工位和多分支路径，克服了埋线磁导航和激光导航多工位、多分支路径识别的困难；③采用图像识别技术可以方便地获取车辆的多种偏差信息，并针对不同偏差设计出多输入反馈最优导向控制器与模糊控制器的融合导航控制器，能够实现车辆不同状态下快速、可靠、稳定地调整；④车辆具有自动避障、自动报警、自动上线和无线通信等人工智能。

我国吉林大学智能车辆课题组对车辆的自主导航机理及关键技术的开发与应用进行了较

为系统的研究,已先后研制开发出四代视觉导航智能车辆。制约智能车辆视觉系统发展的关键是视觉系统的实时性、鲁棒性等要求,即视觉系统数据处理必须与车辆的高速行驶同步进行,智能车辆视觉系统在不同的道路环境(如高速公路、普通公路等结构化道路和非结构化道路,复杂的路面环境如路面及车道线的宽度、颜色、纹理、动态随机障碍与车流等)以及变化的气候条件(如日照及景物阴影、黄昏与夜晚、阴天与雨雪等)均须具有良好的适应性。对智能车辆视觉系统相关机理及图像处理与识别等关键技术的研究是目前世界范围内的研究热点。

具有代表性视觉导航智能车辆:图3.7.5为美国卡内基·梅隆大学机器人中心研制的Navlab系列自主车。在横穿美国的试验中,实现了90%以上道路的自主行驶。图3.7.6为美国索杰纳火星探测车,通过火星车前部安装的两台黑白照相机,第一次传回了火星表面全息图。

图 3.7.5　自主导航车

图 3.7.6　火星车

计算机视觉就是用各种成像系统代替视觉器官作为输入敏感手段,由计算机来代替大脑完成处理和解释。计算机视觉系统除了在视觉导航方面的应用以外,在现代自动化生产过程中还被广泛地用于工况监视、成品检验和质量控制等领域。在一些不适合人工作业的危险工作环境或人工视觉难以满足要求的场合,常用计算机视觉来替代人工视觉;同时在大批量工业生产过程中,用人工视觉检查产品质量效率低且精度不高,用计算机视觉检测方法可以大大提高生产效率和生产的自动化程度。

三、飞行器视觉导航

小型无人驾驶飞行器近年来在许多领域得到了广泛的应用,如军事侦察、收集情报及执行反恐任务等。导航是飞行器的重要组成部分,能为飞行器提供位置、速度及姿态信息。为了降低导航系统成本、减小体积、提高自主性、简化飞行器导航设备,可考虑采用视觉导航。视觉系统具有独立性、准确性、可靠性以及信息完整性等优势,可完成目标识别、障碍物回避及路径规划等功能,利用视觉系统控制飞行器的姿态是近年发展起来的一种先进的定姿方法。目前,国内外对视觉系统在飞行器上的应用研究较多,如低空飞行导航,障碍物检测与回避,无人机自动着舰时使用视觉系统测量无人机与舰艇的相对距离,由视觉信息估计飞行器运动参数等,其中有些成果已应用到飞行器上。

视觉导航利用摄像机摄取图像信息,经图像处理提取并识别相关信息,估计出飞行器在环境中的姿态,进而控制飞行器飞行。目前,很多飞行器都利用视觉系统采集图像,用于侦察和勘探。如果能利用自带的成像系统进行飞行器的飞行姿态估计,势必能提高设备的利用率。基于图像统计信息可以估计出飞行器的滚转角与俯仰角,提高姿态估计的实时性和鲁棒性,并且可以解决姿态估计过程中滚转角与俯仰角耦合的问题。这种方法适用于装备以视觉系统作为导航系统的飞行器,尤其是装备小型视觉系统的微小型飞行器。将应用该算法的视觉导航系统与微惯性测量单元组合使用,可以增大飞行器姿态角估计的范围,进一步提高估计精度。

3.8　组合导航技术

不同的导航方式有不同的优点,也有各自的局限,例如,多普勒导航系统,系统的误差和工作时间长短无关,但保密性不好;天文导航系统,位置精度高,但受观测星体可见度的影响;卫星导航的精度高,容易做到全球、全天候导航,但它需要一套复杂的定位设备,当载体作机动飞行时,导航性能下降,尤其重要的是,卫星导航在战时容易受干扰。惯性导航系统的自主性很强,可以连续地提供包括姿态基准在内的全部导航参数,并且具有非常好的短期精度和稳定性,但导航定位误差随时间增长,导航误差积累的速度主要由初始对准的精度、导航系统使用的惯性传感器的误差以及主运载体运动轨迹的动态特性决定,因而长时间独立工作后误差会增加。于是,人们设想把具有不同特点的导航系统组合在一起,取长补短,用以提高导航系统的精度,实践证明,这是一种很有效的方法。

3.8.1　组合导航的方法

目前常用的组合导航有"惯性+卫星"组合,"惯性+卫星+星光"组合,"惯性+卫星+星光+地形/景象匹配"组合,"惯性+卫星+地形/景象匹配+雷达"组合等。在组合导航系统中,通常用惯性作为基础导航设备,其工作方式有两种:一是重调方式,在惯性导航工作过程中,利用其他装置得到的位置量测信息对惯性导航位置进行校正。这是一种利用回路之外的导航信息来校正的工作方式,因此,回路的响应特性没有任何变化。二是阻尼方式,采用惯性导航与多普勒雷达(或天文导航)组合,利用惯性导航与多普拉雷达提供的速度(或位置信息)形成速度(或位置)差,使用这个速度差通过反馈去修正惯性导航系统,使导航误差减小。这是一种阻尼方式的组合导航系统,但是,这种组合方式在机动情况下,阻尼的效果并不理想。

3.8.2　应用卡尔曼滤波器的组合导航系统

自20世纪60年代现代控制理论出现以后,开始研究根据最优控制理论和卡尔曼滤波方法设计的滤波器作为组合导航系统的重要部分[4-5]。它是把各类传感器提供的各种导航信息提供给滤波器,应用卡尔曼滤波方法进行信息处理,得出惯性导航系统的误差最优估计值,再由控制器对惯性导航系统进行校正,使得系统误差最小。为了与一般的重调方式和阻尼方式的组合导航系统相区别,通常也将应用卡尔曼滤波器的组合导航系统称为最优组合导航系统。根据对系统校正方式的不同,卡尔曼滤波器有开环校正(即输出校正)和闭环校正(即反馈校正)之分。

一、开环校正

开环卡尔曼滤波器的状态方程中没有控制项,用卡尔曼滤波器对惯导系统的校正采用开环方式即输出校正,如图 3.8.1 所示。

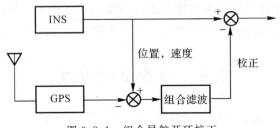

图 3.8.1　组合导航开环校正

惯导系统输出误差状态用 $\boldsymbol{X}$ 表示,卡尔曼滤波器的估计值用 $\hat{\boldsymbol{X}}$ 表示,则开环校正后的组合系统误差为

$$\tilde{\boldsymbol{X}} = \boldsymbol{X} - \hat{\boldsymbol{X}} \tag{3.8.1}$$

如果用滤波估计 $\hat{\boldsymbol{X}}_k$ 进行开环校正,则校正后的系统误差为

$$\tilde{\boldsymbol{X}}_k = \boldsymbol{X}_k - \hat{\boldsymbol{X}}_k \tag{3.8.2}$$

显然,$\tilde{\boldsymbol{X}}_k$ 也是卡尔曼滤波器的滤波估计误差。即用滤波估计对系统进行开环校正,校正后的系统精度和卡尔曼滤波器的滤波估计精度相同。因此,可用卡尔曼滤波器的协方差来描述开环校正后的系统精度。这就是通常的协方差分析方法。

开环卡尔曼滤波方程为

$$\left.\begin{aligned} \hat{\boldsymbol{X}}_{k|k-1} &= \boldsymbol{\phi}_{k,k-1} \dot{\boldsymbol{X}}_{k-1} \\ \hat{\boldsymbol{X}}_k &= \hat{\boldsymbol{X}}_{k|k-1} + \boldsymbol{K}_k [\boldsymbol{Z}_k - \boldsymbol{H}_k \hat{\boldsymbol{X}}_{k|k-1}] \\ \boldsymbol{K}_k &= \boldsymbol{P}_{k|k-1} \boldsymbol{H}_k^{\mathrm{T}} [\boldsymbol{H}_k \boldsymbol{P}_{k|k-1} \boldsymbol{H}_k^{\mathrm{T}} + \boldsymbol{R}_k]^{-1} \\ \boldsymbol{P}_{k|k-1} &= \boldsymbol{\phi}_{k,k-1} \boldsymbol{P}_{k-1} \boldsymbol{\phi}_{k,k-1}^{\mathrm{T}} + \boldsymbol{Q}_{k-1} \\ \boldsymbol{P}_k &= [\boldsymbol{I} - \boldsymbol{K}_k \boldsymbol{H}_k] \boldsymbol{P}_{k|k-1} \end{aligned}\right\} \tag{3.8.3}$$

用滤波估计 $\hat{\boldsymbol{X}}_k$ 对系统进行校正,这是一种理想的情况。由于卡尔曼滤波的计算需要一定的时间,因而 $\hat{\boldsymbol{X}}_k$ 不可能实时得到。因此工程实现上,校正 $\boldsymbol{X}_{k+1}$ 状态的量可以是 $\hat{\boldsymbol{X}}_{k+1|k}$,即用预测估计对系统进行开环校正。如系统状态方程为

$$\boldsymbol{X}_{k+1} = \boldsymbol{\phi}_{k+1,k} \boldsymbol{X}_k + \boldsymbol{W}_k \tag{3.8.4}$$

则用 $\hat{\boldsymbol{X}}_{k+1|k}$ 开环校正后的系统误差为

$$\tilde{\boldsymbol{X}}_{k+1} = \boldsymbol{X}_{k+1} - \hat{\boldsymbol{X}}_{k+1|k} = \boldsymbol{\phi}_{k+1,k} \boldsymbol{X}_k + \boldsymbol{W}_k - \hat{\boldsymbol{X}}_{k+1|k} \tag{3.8.5}$$

稍作整理可得

$$\tilde{\boldsymbol{X}}_{k+1} = \boldsymbol{\phi}_{k+1,k} [\boldsymbol{I} - \boldsymbol{K}_k \boldsymbol{H}_k] \tilde{\boldsymbol{X}}_k - \boldsymbol{\phi}_{k+1,k} \boldsymbol{K}_k \boldsymbol{V}_k + \boldsymbol{W}_k \tag{3.8.6}$$

显然,$\tilde{\boldsymbol{X}}_{k+1} = \boldsymbol{X}_{k+1} - \tilde{\boldsymbol{X}}_{k+1|k}$ 是开环校正后的系统误差,也是卡尔曼滤波器的预测估计误差。因此,卡尔曼滤波预测估计的协方差阵可用来描述预测估计对系统进行开环校正后的系统精度。

协方差分析的前提是卡尔曼滤波器是最优滤波器,即卡尔曼滤波器的数学模型是全阶的。如果卡尔曼滤波器是次优的,则滤波器的协方差就不再和校正后的系统误差方差一致。

因此,当采用次优卡尔曼滤波器时,需要推导出系统校正后的误差方差方程,用以描述校正后的系统精度。

二、闭环校正

闭环卡尔曼滤波是状态方程中带有控制项。系统状态方程和量测方程为

$$\left.\begin{array}{l} \boldsymbol{X}_{k+1} = \boldsymbol{\phi}_{k+1,k}\boldsymbol{X}_k + \boldsymbol{B}_k\boldsymbol{U}_k + \boldsymbol{W}_k \\ \boldsymbol{Z}_k = \boldsymbol{H}_k\boldsymbol{X}_k + \boldsymbol{V}_k \end{array}\right\} \tag{3.8.7}$$

闭环卡尔曼滤波方程为

$$\left.\begin{array}{l} \hat{\boldsymbol{X}}_{k|k-1} = \boldsymbol{\phi}_{k,k-1}\hat{\boldsymbol{X}}_{k-1|k-1} + \boldsymbol{B}_{k-1}\boldsymbol{U}_{k-1} \\ \hat{\boldsymbol{X}}_k = \hat{\boldsymbol{X}}_{k|k-1} + \boldsymbol{K}_k[\boldsymbol{Z}_k - \boldsymbol{H}_k\hat{\boldsymbol{X}}_{k|k-1}] \\ \boldsymbol{K}_k = \boldsymbol{P}_{k|k-1}\boldsymbol{H}_k^{\mathrm{T}}[\boldsymbol{H}_k\boldsymbol{P}_{k|k-1}\boldsymbol{H}_k^{\mathrm{T}} + \boldsymbol{R}_k]^{-1} \\ \boldsymbol{P}_{k|k-1} = \boldsymbol{\phi}_{k,k-1}\boldsymbol{P}_{k-1}\boldsymbol{\phi}_{k,k-1}^{\mathrm{T}} + \boldsymbol{Q}_{k-1} \\ \boldsymbol{P}_k = [\boldsymbol{I} - \boldsymbol{K}_k\boldsymbol{H}_k]\boldsymbol{P}_{k|k-1} \end{array}\right\} \tag{3.8.8}$$

闭环卡尔曼滤波在预测估计中多了一项控制项,其他方程和开环卡尔曼滤波方程形式相同。

考虑用卡尔曼滤波器的估计值对系统进行反馈控制(校正)。由于系统是随机系统,因此考虑对系统进行最优控制时,可以应用分离定理:在考虑最优控制时,可以认为状态是已知的,以此求最优控制规律;在考虑最优估计时,把控制项作为确定性的已知项来求状态的估计值。最后,用状态估计值作为最优控制中的已知状态。

按二次型的性能指标,有

$$\boldsymbol{J}_N = E\left\{\sum_{k=0}^{N-1}[\boldsymbol{X}_k^{\mathrm{T}}\boldsymbol{Q}_k^0\boldsymbol{X}_k + \boldsymbol{U}_k^{\mathrm{T}}\boldsymbol{R}_k^0\boldsymbol{U}_k] + \boldsymbol{X}_N^{\mathrm{T}}\boldsymbol{S}\boldsymbol{X}_N\right\} \tag{3.8.9}$$

式中,$\boldsymbol{Q}_k^0,\boldsymbol{R}_k^0,\boldsymbol{S}$ 为加权阵;$\boldsymbol{X}_k^{\mathrm{T}}\boldsymbol{Q}_k^0\boldsymbol{X}_k$ 为控制过程中的误差;$\boldsymbol{U}_k^{\mathrm{T}}\boldsymbol{R}_k^0\boldsymbol{U}_k$ 为控制能量,$\boldsymbol{X}_N^{\mathrm{T}}\boldsymbol{S}\boldsymbol{X}_N$ 为终端误差。用动态规划的方法可以求得使 $\boldsymbol{J}_N$ 最小的最优控制为

$$\boldsymbol{U}_k^* = -\boldsymbol{A}_k\boldsymbol{X}_k \tag{3.8.10}$$

式中

$$\boldsymbol{A}_k = [\boldsymbol{R}_k^0 + \boldsymbol{B}_k^{\mathrm{T}}\boldsymbol{P}_{k+1}^0\boldsymbol{B}_k]^{-1}\boldsymbol{B}_k^{\mathrm{T}}\boldsymbol{P}_{k+1}^0\boldsymbol{\phi}_{k+1,k} \tag{3.8.11}$$

$\boldsymbol{P}_k^0$ 满足离散形式的 Riccati 方程:

$$\boldsymbol{P}_k^0 = \boldsymbol{Q}_k^0 + \boldsymbol{\phi}_{k+1}^{\mathrm{T}}\boldsymbol{P}_{k+1}^0\boldsymbol{\phi}_{k+1,k} - \boldsymbol{\phi}_{k+1}^{\mathrm{T}}\boldsymbol{P}_{k+1}^0\boldsymbol{B}_k[\boldsymbol{R}_k^0 + \boldsymbol{B}_k^{\mathrm{T}}\boldsymbol{P}_{k+1}^0\boldsymbol{B}_k]^{-1}\boldsymbol{B}_k^{\mathrm{T}}\boldsymbol{P}_{k+1}^0\boldsymbol{\phi}_{k+1,k} \tag{3.8.12}$$

如果在二次型性能指标中不考虑控制能量,即取 $\boldsymbol{R}_k^0 = \boldsymbol{O}$,则式(3.8.11)变为

$$\boldsymbol{A}_k = \boldsymbol{B}_k^{-1}\boldsymbol{\phi}_{k+1,k} \tag{3.8.13}$$

即

$$\boldsymbol{U}_k^* = -\boldsymbol{B}_k^{-1}\boldsymbol{\phi}_{k+1,k}\boldsymbol{X}_k \tag{3.8.14}$$

用估计值 $\hat{\boldsymbol{X}}_k$ 代替状态 $\boldsymbol{X}_k$,可得最优控制项为

$$\boldsymbol{U}_k^* = -\boldsymbol{B}_k^{-1}\boldsymbol{\phi}_{k+1,k}\hat{\boldsymbol{X}}_k \tag{3.8.15}$$

把式(3.8.15)代入闭环卡尔曼滤波方程,得

$$\left.\begin{array}{l} \hat{\boldsymbol{X}}_{k|k-1} = \boldsymbol{O} \\ \hat{\boldsymbol{X}}_k = \boldsymbol{K}_k\boldsymbol{Z}_k \\ \boldsymbol{K}_k = \boldsymbol{P}_{k|k-1}\boldsymbol{H}_k^{\mathrm{T}}[\boldsymbol{H}_k\boldsymbol{P}_{k|k-1}\boldsymbol{H}_k^{\mathrm{T}} + \boldsymbol{R}_k]^{-1} \\ \boldsymbol{P}_{k|k-1} = \boldsymbol{\phi}_{k,k-1}\boldsymbol{P}_{k-1}\boldsymbol{\phi}_{k,k-1}^{\mathrm{T}} + \boldsymbol{Q}_k \end{array}\right\} \tag{3.8.16}$$

当 $\hat{\boldsymbol{X}}_k = \boldsymbol{K}_k\boldsymbol{Z}_k$ 时,把式(3.8.16)代入式(3.8.7)的第一式,得

$$X_{k+1} = \boldsymbol{\phi}_{k+1,k} X_k - \boldsymbol{\phi}_{k+1,k} K_k Z_k + W_k \qquad (3.8.17)$$

整理得反馈校正后的系统误差为

$$X_{k+1} = \boldsymbol{\phi}_{k+1,k} (I - K_k H_k) X_k - \boldsymbol{\phi}_{k+1,k} K_k V_k + W_k \qquad (3.8.18)$$

比较式(3.8.6)和式(3.8.18)看出,二者完全相同,说明输出校正和反调校正具有相同的效果。需要指出的是,这个结论是仅从数学模型出发得到的。考虑实际情况时,两种校正方式仍然是有区别的。输出校正的优点是工程上实现比较方便,滤波器的故障不会影响惯导系统的工作。其缺点是惯导系统的误差是随时间增长的,而卡尔曼滤波器的数学模型是建立在误差为小量,取一阶近似的基础上,因此在长时间工作时,由于惯导误差不再是小量,因而使滤波方程出现模型误差,从而使滤波精度下降。

反馈校正正好可以克服输出校正这一缺点,此时惯导系统的输出就是组合导航系统的输出,误差始终保持为小量,因而可以认为滤波方程没有模型误差。反馈校正的缺点是工程实现没有开环校正简单,且滤波器故障会直接污染惯导系统输出,可靠性降低。

如果惯导系统精度较高,且连续工作时间不长,可采用输出校正。反之,如果惯导系统精度一般,且连续工作时间又长,则需采用反馈校正。在实际应用时,有时两种校正方式混合使用。

以上所介绍的开环和闭环卡尔曼滤波器都是普通卡尔曼滤波器。在工程应用上,为了减小计算工作量和防止滤波发散,可以采用各种不同的改进方法。

3.8.3 GPS/惯性组合导航系统

GPS 全球定位系统是一种高精度的全球三维实时导航的卫星导航系统,其导航定位的全球性和高精度,使之成为一种先进的导航设备。但是 GPS 全球定位系统也存在着一些不足之处,主要是 GPS 接收机的工作受载体机动的影响较大;GPS 接收机数据更新频率低(一般每秒一次),因而难以满足实时控制的要求;GPS 主要用于定位,不能输出载体的角自由度的信息;另外还容易受到干扰和人为控制[6-7],在遮挡的情况下不能使用(如室内、水下、地下、两边为高楼的狭窄街道)等,因此 GPS 全球定位系统对国防应用而言主要作为一种辅助导航设备(supplemental navigation)使用。但因 GPS 导航定位的全球性和高精度,将其作为惯性导航系统的一种辅助导航设备是一种比较理想的选择,两者的互补性强。

GPS/惯性组合克服了各自缺点,取长补短,使组合后的导航精度高于两个系统单独工作的精度。其优点表现为对惯导系统可以实现惯性传感器的校准、惯导系统的空中对准、惯导系统高度通道的稳定等,从而可以有效地提高惯导系统的性能和精度[8-9]。而对 GPS 全球定位系统,惯导系统的辅助可以提高其跟踪卫星的能力,提高接收机的动态特性和抗干扰性。另外,GPS/惯性组合还可以实现 GPS 完整性的检测,从而提高了可靠性;把 GPS 接收机放入惯导系统中,实现一体化,使系统的体积、重量和成本都得以减小;便于实现惯导和 GPS 的同步,减小非同步误差。总之,GPS/惯性组合可以构成一种比较理想的导航系统,是目前组合导航技术的主要形式。

3.8.3.1 GPS/惯性组合模式

GPS 接收机和惯性导航系统的组合,根据不同的应用要求可以有不同水平的组合,即组合的深度不同。按照组合深度,可以把组合系统大体分为两类,一类叫松散组合(loose coupling)或称简易组合(easily integration),另一类叫紧密组合(tight coupling)。

一、松散组合

这是一种相对容易实现的组合,其主要特点是 GPS 和惯导仍独立工作,组合作用仅表现在用 GPS 辅助惯导。属于这类组合的有下述两种。

1. 用 GPS 重调惯导

这是一种最简单的组合方式,可以有两种工作方式。

(1) 用 GPS 给出的位置、速度信息直接重调惯导系统的输出。实际上,就是在 GPS 工作期间,惯导显示的是 GPS 的位置和速度;GPS 停止工作时,惯导在原显示的基础上变化,即 GPS 停止工作瞬时的位置和速度作为惯导系统的初值。

(2) 把惯导和 GPS 输出的位置和速度信息进行加权平均,其原理框图如图 3.8.2 所示。在短时间工作的情况下,第二种工作方式精度较高。而长时间工作时,由于惯导误差随时间增长。因此惯导输出的加权随工作时间增长而减小,因而长时间工作时,性能和第一种工作方式基本相同。

2. 用位置、速度信息组合

这是采用组合卡尔曼滤波器的一种组合模式,其原理框图如图 3.8.3 所示。用 GPS 和惯导输出的位置和速度信息的差值作为量测值,经组合卡尔曼滤波,估计惯导系统的误差,然后对惯导系统进行校正。

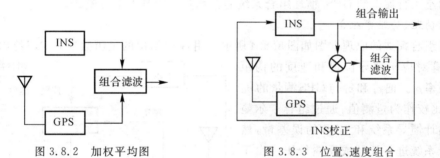

图 3.8.2　加权平均图　　　　　图 3.8.3　位置、速度组合

这种组合模式的优点是组合工作比较简单,便于工程实现,而且两个系统仍独立工作,使导航信息有一定余度。缺点是 GPS 的位置和速度误差通常是时间相关的,特别是 GPS 接收机应用卡尔曼滤波器时更是如此。但是在这种组合方式下,GPS 的误差仅简单设置为测量白噪声,因此模型的正确性不高。

卡尔曼滤波器在稳态时其作用相当于一个有一定时间常数的普通滤波器,其时间常数近似为

$$\tau = \sqrt{\frac{\text{Trace}R}{\text{Trace}Q}} \qquad (3.8.19)$$

式中,R 为量测噪声协方差;Q 为系统噪声协方差。例如,LTM−700GPS 接收机其位置估计的时间常数约为 20s,而速度估计的时间常数约为 0.5s。采用这样的接收机和惯导组合时,GPS滤波器和组合滤波器串联,即 GPS 滤波器的输出是组合滤波器的量测输入。按卡尔曼滤波器的要求,量测噪声应为白噪声。而 GPS 接收机输出中的位置和速度误差则是时间相关的,因此会产生一定的模型误差。

3.用姿态、位置、速度信息组合(全组合)

GPS/SINS 的组合方式有多种多样,有位置、速度组合,伪距、伪距率组合,双差伪距、双差伪距率组合等,这些组合方式可以满足一般的导航要求,其研究和应用都已成熟。由于这些组合方式对方位观测性弱,以至于对方位的校正效果较差,使得组合后的系统在载体不做机动运动时方位容易发散,这对某些对方位信息要求较高的系统来说显然是不能满足要求的。因此有必要将 GPS 和 SINS 的姿态和航向信息也加以组合,使组合系统对航姿可以直接进行观测,以提高对方位的估计精度,消除载体不做机动运动时方位发散的现象。

随着近几年 GPS 应用技术的发展,在载体有条件情况下,利用多天线 GPS 进行载体姿态测量的技术已基本成熟,使包含姿态和方位信息的 GPS/SINS 的全组合导航系统的实现成为可能。单天线 GPS/SINS 组合技术[10],特别是位置、速度组合,伪距、伪距率组合已经相当成熟。基于多天线 GPS 的姿态、速度、位置和惯导的全组合模式[11]正日益引起人们的重视。

二、紧密组合(或称深组合)

紧密组合是组合程度较深的组合方式,其主要特点是 GPS 接收机和惯导系统相互辅助。为了更好地实现相互辅助的作用,通常是把 GPS 和惯导系统按组合的要求进行一体化设计。紧密组合的基本模式是伪距、伪距率的组合[12],以及在伪距、伪距率组合基础上再加上用惯导位置和速度对 GPS 接收机跟踪环进行辅助,也可以再增加对 GPS 接收机导航功能的辅助。用在高动态飞行器上的 GPS/惯性组合系统通常都是采用紧密组合模式。

1.用伪距、伪距率组合

这种组合模式的原理框图如图3.8.4所示。用 GPS 给出的星历数据和 INS 给出的位置和速度,计算对应于惯导位置和速度的伪距 ρ_I 和伪距率 $\dot{\rho}_I$。把 ρ_I 和 $\dot{\rho}_I$ 与 GPS 测量的 ρ_G 和 $\dot{\rho}_G$ 相比较作为量测值,通过组合卡尔曼滤波器估计惯导系统和 GPS 的误差量,然后对两个系统进行开环或反馈校正。由于 GPS 的测距误差容易建模,因而可以把它扩充为状态,通过组合滤波加以估计,然后对 GPS 接收机进行校正。

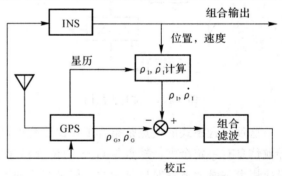

图 3.8.4 伪距、伪距率组合

因此,伪距、伪距率组合模式比位置、速度组合模式一般具有更高的组合导航精度。在这种组合模式中,GPS 接收机只提供星历数据和伪距、伪距率即可,GPS 接收机可以省去导航计算处理部分。当然,如果仍保留导航计算部分,作为备用导航信息,使导航信息具有余度,也是可取的一种方案。

2.用惯性速度信息辅助 GPS 接收机环路

用惯性速度信息辅助 GPS 接收机环路,可以有效地提高环路的等效带宽,提高接收机的抗干扰性,减小动态误差,提高跟踪和捕获性能。通常,高动态用户接收机都采用惯性速度辅助。需要指出的是,GPS 接收机环路有了惯性速度辅助之后,环路的跟踪误差和惯性速度误差相关。同时,由于有了惯性速度辅助,环路本身的带宽可以很窄,因而时间常数较大,从而使环路的跟踪误差又是时间相关的。在这种情况下,如果组合滤波器的设计仍采用普通卡尔曼滤波器,则系统可能产生不稳定。在组合导航系统的设计中这是必须要解决的。

3.用惯性位置、速度信息辅助 GPS 导航功能

GPS 接收机的导航功能有很多也采用卡尔曼滤波技术。对高动态接收机,其导航滤波器的状态为3个位置、3个速度、3个加速度、用户时钟误差和时钟频率误差共11个。而低动态接收机则去掉3个加速度状态,只有8个状态。如果把 GPS 接收机导航滤波器的位置、速度状态看作惯导系统简化的位置、速度误差状态,则用 GPS 滤波器的估计值校正惯导输出的位置和速度信息,即可得到 GPS 的导航解。在这种情况下,就称 GPS 的导航功能是在惯性辅助下完成的。当采用这样的接收机再和惯导组合时,其组合卡尔曼滤波器(有时称 INS 滤波器)的状态和 GPS 滤波器的估计误差相关。这种相关性也可能产生组合系统的不稳定,解决的办法是组合滤波器采用高阶模型,而 GPS 滤波器采用低阶模型。

3.8.3.2 松散组合工作方式

一、位置、速度组合

1.组合导航系统的数学模型

(1)系统的状态方程。 当组合系统采用线性卡尔曼滤波器时,则取系统的误差作为状态。

1)平台误差角方程。当考虑飞行高度 h 和地球为旋转椭球体时,有

$$
\left.
\begin{aligned}
\dot{\phi}_E &= -\frac{\delta v_N}{R_M + h} + \left(w_{ie}\sin L + \frac{v_E}{R_N + h}\tan L\right)\phi_N - \left(w_{ie}\cos L + \frac{v_E}{R_N + h}\right)\phi_U + \varepsilon_E \\
\dot{\phi}_N &= \frac{\delta v_N}{R_N + h} - w_{ie}\sin L\delta L - \left(w_{ie}\sin L + \frac{v_E}{R_N + h}\tan L\right)\phi_E - \left(\frac{v_N}{R_M + h}\right)\phi_U + \varepsilon_E \\
\dot{\phi}_U &= \frac{\delta v_N}{R_N + h}\tan L + \left(w_{ie}\cos L + \frac{v_E}{R_N + h}\sec^2 L\right)\delta L + \left(w_{ie}\cos L + \frac{v_E}{R_N + h}\right)\phi_E + \frac{v_N}{R_M + h}\phi_N + \varepsilon_U
\end{aligned}
\right\}
$$

$$(3.8.20)$$

式中,下标 E,N,U 代表地理坐标系的东、北、天方向;其中几个参数为

$$R_M = R_e(1 - 2f + 3f\sin^2 L); \quad R_N = R_e(1 + f\sin^2 L); \quad R_e = 6\ 378\ 137\text{m}; \quad f = 1/298.257$$

2)速度误差方程。当考虑飞行高度 h 和地球为旋转椭球体时,有

$$
\left.
\begin{aligned}
\delta\dot{v}_E &= f_N\phi_U - f_U\phi_N + \left(\frac{v_N}{R_M + h}\tan L - \frac{v_U}{R_M + h}\right)\delta v_E + \left(2w_{ie}\sin L + \frac{v_E}{R_N + h}\tan L\right)\delta v_N + \\
&\quad \left(2w_{ie}\cos L v_N + \frac{v_E v_N}{R_N + h}\sec^2 L + 2w_{ie}\sin L v_U\right)\delta L - \left(2w_{ie}\cos L + \frac{v_E}{R_N + h}\right)\delta v_U + \nabla_E \\
\delta\dot{v}_N &= f_U\phi_E - f_E\phi_U - \left(2w_{ie}\sin L + \frac{v_E}{R_N + h}\tan L\right)\delta v_E - \frac{v_U}{R_M + h}\delta v_N - \frac{v_N}{R_M + h}\delta v_U - \\
&\quad \left(2w_{ie}\cos L + \frac{v_E}{R_N + h}\sec^2 L\right)v_E\delta L + \nabla_N \\
\delta\dot{v}_U &= f_E\phi_N - f_N\phi_E + \left(2w_{ie}\cos L + \frac{v_E}{R_N + h}\right)\delta v_E + 2\frac{v_N}{R_M + h}\delta v_N - 2w_{ie}\sin L v_E\delta L + \nabla_U + \frac{2g}{R}\delta h
\end{aligned}
\right\}
$$

$$(3.8.21)$$

在不考虑高度通道时,可取 v_U,δv_U 为零。

3)位置误差方程为

$$\left.\begin{aligned}\delta\dot{L}&=\frac{\delta v_{\mathrm{N}}}{R_{\mathrm{M}}+h}\\\delta\dot{\lambda}&=\frac{\delta v_{\mathrm{E}}}{R_{\mathrm{N}}+h}\sec L+\frac{v_{\mathrm{E}}}{R_{\mathrm{N}}+h}\sec L\tan L\delta L\\\delta\dot{h}&=\delta v_{\mathrm{U}}\end{aligned}\right\}\tag{3.8.22}$$

4）惯性仪表误差。惯性仪表误差包括安装误差、刻度系数误差和随机误差。为了等效起见,这里统一考虑为随机误差。

· 陀螺漂移误差模型

式(3.8.20)～式(3.8.22)中的陀螺漂移,是沿"东、北、天"地理坐标系的陀螺漂移。对平台式惯导系统,当系统采用"东、北、天"地理坐标系时,则式中的陀螺漂移即为实际陀螺的漂移。而对捷联式惯导系统,则式中的陀螺漂移为从机体系变换到地理系的等效陀螺漂移。

取陀螺漂移为

$$\varepsilon=\varepsilon_{\mathrm{b}}+\varepsilon_{\mathrm{r}}+w_{\mathrm{g}}\tag{3.8.23}$$

式中,ε_{b} 为随机常数;ε_{r} 为一阶马尔柯夫过程;w_{g} 为白噪声。

假设 3 个轴向的陀螺漂移误差模型相同,均为

$$\left.\begin{aligned}\dot{\varepsilon}_{\mathrm{b}}&=0\\\dot{\varepsilon}_{\mathrm{r}}&=-\frac{1}{T_{\mathrm{g}}}\varepsilon_{\mathrm{r}}+w_{\mathrm{r}}\end{aligned}\right\}\tag{3.8.24}$$

式中,T_{g} 为相关时间。

· 加速度计误差模型

考虑为一阶马尔柯夫过程,且假定 3 个轴向加速度计的误差模型相同,均为

$$\dot{\nabla}_{\mathrm{a}}=-\frac{1}{T_{\mathrm{a}}}\nabla_{\mathrm{a}}+w_{\mathrm{a}}\tag{3.8.25}$$

式中,T_{a} 为相关时间。

5）GPS 误差。GPS 接收机给出的位置和速度误差一般是时间相关的,是有色噪声,建模比较困难,在位置、速度组合模式中这些误差设置为量测噪声,不在状态方程中扩展设置。

把式(3.8.20)～式(3.8.25)组合在一起,可得 18 维系统状态方程为

$$\dot{\boldsymbol{X}}_{\mathrm{I}}(t)=\boldsymbol{F}_{\mathrm{I}}(t)\boldsymbol{X}_{\mathrm{I}}(t)+\boldsymbol{G}_{\mathrm{I}}(t)\boldsymbol{W}_{\mathrm{I}}(t)\tag{3.8.26}$$

式中

$$\boldsymbol{X}=\begin{bmatrix}\phi_{\mathrm{E}}&\phi_{\mathrm{N}}&\phi_{\mathrm{U}}&\delta v_{\mathrm{E}}&\delta v_{\mathrm{N}}&\delta v_{\mathrm{U}}&\delta L&\delta\lambda&\delta h&\varepsilon_{\mathrm{b}x}&\varepsilon_{\mathrm{b}y}&\varepsilon_{\mathrm{b}z}&\varepsilon_{\mathrm{r}x}&\varepsilon_{\mathrm{r}y}&\varepsilon_{\mathrm{r}z}&\nabla_{x}&\nabla_{y}&\nabla_{z}\end{bmatrix}^{\mathrm{T}}$$

$$\boldsymbol{W}=\begin{bmatrix}w_{\mathrm{g}x}&w_{\mathrm{g}y}&w_{\mathrm{g}z}&w_{\mathrm{b}x}&w_{\mathrm{b}y}&w_{\mathrm{b}z}&w_{\mathrm{a}x}&w_{\mathrm{a}y}&w_{\mathrm{a}z}\end{bmatrix}^{\mathrm{T}}$$

$$\boldsymbol{G}_{\mathrm{I}}=\begin{bmatrix}\boldsymbol{I}_{3\times3}&\boldsymbol{O}_{3\times3}&\boldsymbol{O}_{3\times3}\\\boldsymbol{O}_{9\times3}&\boldsymbol{O}_{9\times3}&\boldsymbol{O}_{9\times3}\\\boldsymbol{O}_{3\times3}&\boldsymbol{I}_{3\times3}&\boldsymbol{O}_{3\times3}\\\boldsymbol{O}_{3\times3}&\boldsymbol{O}_{3\times3}&\boldsymbol{I}_{3\times3}\end{bmatrix}\quad\text{（对平台式惯导）}$$

$$\boldsymbol{G}_{\mathrm{I}}=\begin{bmatrix}\boldsymbol{C}_{\mathrm{b}}^{\mathrm{n}}&\boldsymbol{O}_{3\times3}&\boldsymbol{O}_{3\times3}\\\boldsymbol{O}_{9\times3}&\boldsymbol{O}_{9\times3}&\boldsymbol{O}_{9\times3}\\\boldsymbol{O}_{3\times3}&\boldsymbol{I}_{3\times3}&\boldsymbol{O}_{3\times3}\\\boldsymbol{O}_{3\times3}&\boldsymbol{O}_{3\times3}&\boldsymbol{I}_{3\times3}\end{bmatrix}\quad\text{（对捷联式惯导）}$$

$$\boldsymbol{F}_{I} = \begin{bmatrix} \boldsymbol{F}_{N} & \vdots & \boldsymbol{F}_{S} \\ \cdots & \cdots & \cdots \\ \boldsymbol{O} & \vdots & \boldsymbol{F}_{M} \end{bmatrix}_{18\times18}$$

式中,$\boldsymbol{F}_{N}$ 为对应 9 个基本导航参数的系统阵,其具体的参数关系请参考文献[10]。

$\boldsymbol{F}_{S}$ 和 $\boldsymbol{F}_{M}$ 分别为

$$\boldsymbol{F}_{S} = \begin{bmatrix} \boldsymbol{I}_{3\times3} & \vdots & \boldsymbol{I}_{3\times3} & \boldsymbol{O}_{3\times3} \\ & & & \boldsymbol{I}_{3\times3} \\ & \boldsymbol{O}_{6\times6} & & \cdots \\ & & & \boldsymbol{O}_{3\times3} \end{bmatrix}_{9\times9} \quad \text{(对平台式惯导)}$$

$$\boldsymbol{F}_{S} = \begin{bmatrix} \boldsymbol{C}_{b}^{n} & \vdots & \boldsymbol{C}_{b}^{n} & \boldsymbol{O}_{3\times3} \\ & & & \boldsymbol{C}_{b}^{n} \\ & \boldsymbol{O}_{6\times6} & & \cdots \\ & & & \boldsymbol{O}_{3\times3} \end{bmatrix}_{9\times9} \quad \text{(对捷联式惯导)}$$

$$\boldsymbol{F}_{M} = \text{Diag}\left[0 \quad 0 \quad 0 \quad -\frac{1}{T_{rx}} \quad -\frac{1}{T_{ry}} \quad -\frac{1}{T_{rz}} \quad -\frac{1}{T_{ax}} \quad -\frac{1}{T_{ay}} \quad -\frac{1}{T_{az}}\right]$$

(2) 系统的量测方程。在位置、速度组合模式中,其量测值有两组。一组为位置量测值,即惯导系统给出的经纬度、高度信息和 GPS 接收机给出的相应信息的差值为一组量测值。而两个系统给出的速度差值为另一组量测值。

表示惯导系统的位置信息为

$$\left.\begin{array}{l} \lambda_{I} = \lambda_{t} + \delta\lambda \\ L_{I} = L_{t} + \delta L \\ h_{I} = h_{t} + \delta h \end{array}\right\} \tag{3.8.27}$$

表示 GPS 接收机给出的位置信息为

$$\left.\begin{array}{l} \lambda_{G} = \lambda_{t} - \dfrac{N_{E}}{R_{N}\cos L} \\ L_{G} = L_{t} - N_{N}/R_{M} \\ h_{G} = h_{t} - N_{h} \end{array}\right\} \tag{3.8.28}$$

式中,$\lambda_{t}, L_{t}, h_{t}$ 为真实的位置;N_{E}, N_{N}, N_{h} 为 GPS 接收机沿东、北、天方向的位置误差,常规的单位是 m。为了与经纬度的量纲配合,需要转换。

定义位置量测矢量为

$$\boldsymbol{Z}_{p}(t) = \begin{bmatrix} (L_{t} - L_{G})R_{M} \\ (\lambda_{t} - \lambda_{G})R_{N}\cos L \\ h_{t} - h_{G} \end{bmatrix} = \begin{bmatrix} R_{M}\delta L + N_{N} \\ R_{N}\cos L\delta\lambda + N_{E} \\ \delta h + N_{h} \end{bmatrix} \triangleq \boldsymbol{H}_{p}(t)\boldsymbol{X}(t) + \boldsymbol{V}_{p}(t) \tag{3.8.29}$$

式中

$$\boldsymbol{H}_{p}(t) = \begin{bmatrix} \boldsymbol{O}_{3\times6} & \vdots & \text{diag}[R_{M} & R_{N}\cos L & 1] & \vdots & \boldsymbol{O}_{3\times9} \end{bmatrix}$$

$$\boldsymbol{V}_{p}(t) = \begin{bmatrix} N_{E} & N_{N} & N_{h} \end{bmatrix}^{T}$$

量测噪声作为白噪声处理,其方差分别为 $\sigma_{pN}^{2}, \sigma_{pE}^{2}, \sigma_{ph}^{2}$,其中

$$\sigma_{pN} = \sigma_{\rho} \cdot \text{HDOP}_{N}$$

$$\sigma_{pE} = \sigma_{\rho} \cdot \text{HDOP}_{E}$$

$$\sigma_{ph} = \sigma_{\rho} \cdot \text{VDOP}$$

式中，σ_ρ 为伪距测量误差。

表示惯导系统的速度信息为

$$\left.\begin{aligned} v_{IN} &= v_N + \delta v_N \\ v_{IE} &= v_E + \delta v_E \\ v_{IU} &= v_U + \delta v_U \end{aligned}\right\} \tag{3.8.30}$$

式中，v_E, v_N, v_U 是飞行器沿地理坐标系各轴的真实速度。

表示 GPS 接收机给出的速度信息为

$$\left.\begin{aligned} v_{GN} &= v_N - M_N \\ v_{GE} &= v_E - M_E \\ v_{GU} &= v_U - M_U \end{aligned}\right\} \tag{3.8.31}$$

式中，M_N, M_E, M_U 为 GPS 接收机测速误差。

定义速度量测矢量为

$$\boldsymbol{Z}_v(t) = \begin{bmatrix} v_{IN} - v_{GN} \\ v_{IE} - v_{GE} \\ v_{IU} - v_{GU} \end{bmatrix} = \boldsymbol{H}_v(t)\boldsymbol{X}(t) + \boldsymbol{V}_v(t) \tag{3.8.32}$$

式中

$$\boldsymbol{H}_v = \begin{bmatrix} \boldsymbol{O}_{3\times3} & \vdots & \text{diag}\begin{bmatrix} 1 & 1 & 1 \end{bmatrix} & \vdots & \boldsymbol{O}_{3\times12} \end{bmatrix}$$

用 $\sigma_{\dot\rho}^2$ 表示 GPS 接收机伪距率测量误差，则东、北、天方向的速度误差标准差为

$$\sigma_{vE} = \text{HDOP}_y \cdot \sigma_{\dot\rho}$$
$$\sigma_{vN} = \text{HDOP}_x \cdot \sigma_{\dot\rho}$$
$$\sigma_{vU} = \text{VDOP} \cdot \sigma_{\dot\rho}$$

把位置量测矢量和速度量测矢量合在一起，得

$$\boldsymbol{Z}(t) = \begin{bmatrix} \boldsymbol{Z}_p(t) \\ \hline \boldsymbol{Z}_v(t) \end{bmatrix} = \begin{bmatrix} \boldsymbol{H}_p(t) \\ \hline \boldsymbol{H}_v(t) \end{bmatrix} \boldsymbol{X}(t) + \begin{bmatrix} \boldsymbol{V}_p(t) \\ \hline \boldsymbol{V}_v(t) \end{bmatrix} = \boldsymbol{H}(t)\boldsymbol{X}(t) + \boldsymbol{V}(t) \tag{3.8.33}$$

式(3.8.33)即为位置、速度信息同时使用时组合系统的量测方程。

2. 状态方程和量测方程的离散化

把状态方程式和量测方程式离散化，可得

$$\left.\begin{aligned} \boldsymbol{X}_k &= \boldsymbol{\phi}_{k,k-1}\boldsymbol{X}_{k-1} + \boldsymbol{\Gamma}_{k-1}\boldsymbol{W}_{k-1} \\ \boldsymbol{Z}_k &= \boldsymbol{H}_k\boldsymbol{X}_k + \boldsymbol{V}_k \end{aligned}\right\} \tag{3.8.34}$$

式中

$$\boldsymbol{\phi}_{k,k-1} = \sum_{n=0}^{\infty} \left[\boldsymbol{F}(t_k)T\right]^n / n!$$

$$\boldsymbol{\Gamma}_{k-1} = \left\{\sum_{n=1}^{\infty} \left[\frac{1}{n!}(\boldsymbol{F}(t_k)T)^{n-1}\right]\right\} G(t_k)T$$

式中，T 为迭代周期。

状态方程和量测方程中的系统噪声和量测噪声应该具有以下性质：

$$E\{\boldsymbol{W}(t)\} = 0; \quad E\{\boldsymbol{W}(t)\boldsymbol{W}^T(\tau)\} = \boldsymbol{Q}(t)\delta(t-\tau)$$
$$E\{\boldsymbol{V}(t)\} = 0; \quad E\{\boldsymbol{V}(t)\boldsymbol{V}^T(\tau)\} = R(t)\delta(t-\tau)$$
$$E\{\boldsymbol{W}_k\} = 0; \quad E\{\boldsymbol{W}_k\boldsymbol{W}_j^T\} = \boldsymbol{Q}_k\delta_{kj}$$
$$E\{\boldsymbol{V}_k\} = 0; \quad E\{\boldsymbol{V}_k\boldsymbol{V}_j^T\} = R_k\delta_{kj}$$

$$\delta_{kj} = \begin{cases} 1, & k=j \\ 0, & k \neq j \end{cases}$$

式中,Q_k,R_k 和 $Q(t),R(t)$ 的关系可近似表示为

$$\begin{cases} Q_k = Q(t)/T \\ R_k = R(t)/T \end{cases}$$

在实际计算时取有限项即可。

二、姿态、位置、速度信息组合(全组合)

1. 系统的状态方程
与位置、速度组合模式的状态方程相同。

2. 系统的量测方程
姿态、速度、位置组合模式是一种浅组合方式,其速度与位置的观测矩阵与速度、位置组合模式相同,这里不再赘述。

由于测姿 GPS 提供了载体的姿态角,定义在载体坐标系下,而组合系统状态方程中的误差角为平台误差角,它描述了平台-地理坐标系之间的关系,因此姿态误差角和平台误差角本质上还应该存在着一个转换关系。

由于

$$C_p^b = C_t^b C_p^t \tag{3.8.35}$$

式中,p 代表平台坐标系,b 代表机体坐标系,t 代表地理坐标系,则

$$C_t^b = \begin{bmatrix} \sin\psi\sin\theta\sin\gamma + \cos\psi\cos\gamma & \cos\psi\sin\theta\sin\gamma - \sin\psi\cos\gamma & -\cos\theta\sin\gamma \\ \sin\psi\cos\theta & \cos\psi\cos\theta & \sin\theta \\ \cos\psi\sin\gamma - \sin\psi\sin\theta\cos\gamma & -\cos\psi\sin\theta\cos\gamma - \sin\psi\sin\gamma & \cos\theta\cos\gamma \end{bmatrix} \tag{3.8.36}$$

而

$$C_p^b = \begin{bmatrix} \sin\psi'\sin\theta'\sin\gamma' & \cos\psi'\sin\theta'\sin\gamma' - \sin\psi'\cos\gamma' & -\cos\psi'\sin\gamma' \\ \sin\psi'\cos\theta' & \cos\psi'\cos\theta' & \sin\theta' \\ \cos\psi'\sin\gamma' - \sin\psi'\sin\theta'\cos\gamma' & -\cos\psi'\sin\theta'\cos\gamma' - \sin\psi'\sin\gamma' & \cos\theta'\cos\gamma' \end{bmatrix} \tag{3.8.37}$$

式中,γ,θ,ψ 分别为载体在理想情况下的横滚角、俯仰角和航向角;γ',θ',ψ' 分别为载体在实际情况下的横滚角、俯仰角和航向角。它们之间的关系表现为

$$\left.\begin{array}{c} \gamma' = \gamma + \delta\gamma \\ \theta' = \theta + \delta\theta \\ \psi' = \psi + \delta\psi \end{array}\right\} \tag{3.8.38}$$

式中,$\delta\gamma,\delta\theta,\delta\psi$ 分别为横滚、俯仰、航向误差角;ϕ_E,ϕ_N,ϕ_U 分别为东向、北向、天向平台误差角。通过平台误差角,平台系与地理系之间的方向余弦矩阵可以表示为

$$C_p^t = \begin{bmatrix} 1 & -\phi_U & \phi_N \\ \phi_U & 1 & -\phi_E \\ -\phi_N & \phi_E & 1 \end{bmatrix} \tag{3.8.39}$$

将式(3.8.39)代入式(3.8.35),并与式(3.8.36)、式(3.8.37)一起代入式(3.8.35),在展开的过程中略去 $\delta\gamma,\delta\theta,\delta\psi$ 的二阶小量,并将等式左、右两端矩阵元素一一对应,可以得到

$$\delta\gamma = -\frac{1}{\cos\theta}(\sin\psi\phi_E + \cos\psi\phi_N)$$
$$\delta\theta = -\cos\psi\phi_E + \sin\psi\phi_N \qquad\qquad (3.8.40)$$
$$\delta\psi = -\frac{1}{\cos\theta}(\sin\psi\sin\theta\phi_E + \cos\psi\sin\theta\phi_N - \cos\theta\phi_U)$$

因此滤波器中姿态观测矩阵为

$$\boldsymbol{H}_\phi = \frac{-1}{\cos\theta}\begin{bmatrix} \sin\psi & \cos\psi & 0 \\ \cos\psi\cos\theta & -\sin\psi\cos\theta & 0 \\ \sin\psi\sin\theta & \cos\psi\sin\theta & -\cos\theta \end{bmatrix} \qquad (3.8.41)$$

这样,通过量测矩阵,姿态误差角作为量测值就进入了滤波器的观测方程,从而达到修正组合导航系统姿态精度的目的。

因此姿态、速度、位置全组合系统的观测方程为

$$\boldsymbol{Z} = \begin{bmatrix} \boldsymbol{H}_\phi & \boldsymbol{O}_{3\times3} & \boldsymbol{O}_{3\times3} \\ \boldsymbol{O}_{3\times3} & \boldsymbol{H}_v & \boldsymbol{O}_{3\times3} \\ \boldsymbol{O}_{3\times3} & \boldsymbol{O}_{3\times3} & \boldsymbol{H}_p \end{bmatrix}\boldsymbol{X}(t) + \begin{bmatrix} \boldsymbol{v}_\phi(t) \\ \boldsymbol{v}_v(t) \\ \boldsymbol{v}_p(t) \end{bmatrix} \qquad (3.8.42)$$

3.8.3.3 紧组合工作方式

1. 组合导航系统的数学模型

(1) 系统的状态方程。用伪距、伪距率的组合系统,组合导航滤波器的状态由两部分组成:

一部分是惯导系统的误差状态,其状态方程如式(3.8.26)。

另一部分是 GPS 的误差状态,其通常取两个,一个是等效时钟误差相应的距离率 δt_u,另一个是等效时钟频率误差相应的距离率 δt_{ru},即

$$\boldsymbol{X}_G = [\delta t_u \quad \delta t_{ru}]^T \qquad (3.8.43)$$

其微分方程为

$$\dot{\delta t}_u = \delta t_{ru} + w_{tu}$$
$$\dot{\delta t}_{ru} = -\beta_{tru}\delta t_{ru} + w_{tru} \qquad (3.8.44)$$

即

$$\dot{\boldsymbol{X}}_G(t) = \boldsymbol{F}_G(t)\boldsymbol{X}_G + \boldsymbol{G}_G(t)\boldsymbol{W}_G(t) \qquad (3.8.45)$$

式中

$$\boldsymbol{F}_G = \begin{bmatrix} 1 & 0 \\ 0 & -\beta_{tru} \end{bmatrix}, \quad \boldsymbol{G}_G = \begin{bmatrix} 1 & 0 \\ 0 & 1 \end{bmatrix}$$

则得用伪距、伪距率组合的系统状态方程(20 维)为

$$\begin{bmatrix} \dot{\boldsymbol{X}}_I(t) \\ \dot{\boldsymbol{X}}_G(t) \end{bmatrix} = \begin{bmatrix} \boldsymbol{F}_I(t) & \boldsymbol{O} \\ \boldsymbol{O} & \boldsymbol{F}_G(t) \end{bmatrix}\begin{bmatrix} \boldsymbol{X}_I(t) \\ \boldsymbol{X}_G(t) \end{bmatrix} + \begin{bmatrix} \boldsymbol{G}_I(t) & \boldsymbol{O} \\ \boldsymbol{O} & \boldsymbol{G}_I(t) \end{bmatrix}\begin{bmatrix} \boldsymbol{W}_I(t) \\ \boldsymbol{W}_G(t) \end{bmatrix} \qquad (3.8.46)$$

即

$$\dot{\boldsymbol{X}}(t) = \boldsymbol{F}(t)\boldsymbol{X}(t) + \boldsymbol{G}(t)\boldsymbol{W}(t) \qquad (3.8.47)$$

(2) 系统的量测方程。

1) 伪距差量测方程。相应于惯导给出的位置处的伪距为

$$\rho_{Ii} = [(x_I - x_{si})^2 + (y_I - y_{si})^2 + (z_I + z_{si})^2]^{\frac{1}{2}} \qquad (3.8.48)$$

相应于惯导给出的位置处的伪距为

$$\rho_{1i} = \left[(x-x_{si})^2 + (y-y_{si})^2 + (z-z_{si})^2\right]^{\frac{1}{2}} + \frac{\partial\rho_{1i}}{\partial x}\delta x + \frac{\partial\rho_{1i}}{\partial y}\delta y + \frac{\partial\rho_{1i}}{\partial z}\delta z \quad (3.8.49)$$

式中

$$\frac{\partial\rho_{1i}}{\partial x}\delta x = \frac{x-x_{si}}{\left[(x-x_{si})^2 + (y-y_{si})^2 + (z-z_{si})^2\right]^{\frac{1}{2}}} = \frac{x-x_{si}}{r_i} = e_{i1}$$

$$r_i = \left[(x-x_{si})^2 + (y-y_{si})^2 + (z-z_{si})^2\right]^{\frac{1}{2}}$$

类似的情况有

$$\frac{\partial\rho_{1i}}{\partial y} = \frac{y-y_{si}}{r_i} = e_{i2}$$

$$\frac{\partial\rho_{1i}}{\partial z} = \frac{z-z_{si}}{r_i} = e_{i3}$$

GPS 测得的伪距为

$$\rho_{Gi} = r_i + \delta t_u + v_{\rho i} \quad (3.8.50)$$

伪距测值可以写成

$$\delta\rho_i = \rho_{1i} - \rho_{Gi} = e_{i1}\delta x + e_{i2}\delta y + e_{i3}\delta z + \delta t_u + v_{\rho i} \quad (3.8.51)$$

取 $i=1,2,3,4$，则得

$$\delta\boldsymbol{\rho} = \begin{bmatrix} e_{11} & e_{12} & e_{13} & 1 \\ e_{21} & e_{22} & e_{23} & 1 \\ e_{31} & e_{32} & e_{33} & 1 \\ e_{41} & e_{42} & e_{43} & 1 \end{bmatrix} \begin{bmatrix} \delta x \\ \delta y \\ \delta z \\ \delta t_u \end{bmatrix} + \begin{bmatrix} v_{\rho 1} \\ v_{\rho 2} \\ v_{\rho 3} \\ v_{\rho 4} \end{bmatrix} \quad (3.8.52)$$

如果惯导系统以地球固定坐标系 $Ox_e y_e z_e$（ECEF）为导航坐标系，则量测方程可用式构成。这里讨论的惯导系统是用经纬度和高度定位的，因此要把 $\delta x, \delta y, \delta z$ 用 $\delta L, \delta\lambda, \delta h$ 表示。由

$$x = (R_N + h)\cos L\cos\lambda$$
$$y = (R_N + h)\cos L\sin\lambda$$
$$z = [R_N(1-f^2) + h]\sin L$$

有

$$\left. \begin{aligned} \delta x &= \delta h\cos L\cos\lambda - (R_N+h)\sin L\cos\lambda\delta L - (R_N+h)\cos L\sin\lambda\delta\lambda \\ \delta y &= \delta h\cos L\sin\lambda - (R_N+h)\sin L\sin\lambda\delta L - (R_N+h)\cos L\cos\lambda\delta\lambda \\ \delta z &= \delta h\sin L + [R_N(1-f^2)+h]\cos L\delta L \end{aligned} \right\} \quad (3.8.53)$$

把式（3.8.53）代入式（3.8.51），则可得出伪距量测方程为

$$\boldsymbol{Z}_\rho(t) = \boldsymbol{H}_\rho(t)\boldsymbol{X}(t) + \boldsymbol{V}_\rho(t) \quad (3.8.54)$$

式中
$$\boldsymbol{H}_\rho = \left[\boldsymbol{O}_{4\times6} \vdots \boldsymbol{H}_{\rho 1} \vdots \boldsymbol{O}_{4\times9} \vdots \boldsymbol{H}_{\rho 2}\right]_{4\times20}$$

$$\boldsymbol{H}_{\rho 1} = \begin{bmatrix} a_{11} & a_{12} & a_{13} \\ a_{21} & a_{22} & a_{23} \\ a_{31} & a_{32} & a_{33} \\ a_{41} & a_{42} & a_{43} \end{bmatrix}, \quad \boldsymbol{H}_{\rho 2} = \begin{bmatrix} 1 & 0 \\ 1 & 0 \\ 1 & 0 \\ 1 & 0 \end{bmatrix}$$

$$a_{i1} = (R_N + H)[-e_{i1}\sin L\cos\lambda - \cos L\sin\lambda] + [R_N + (1-f^2) + H]e_{i3}\cos L$$
$$a_{i2} = (R_N + H)[e_{i2}\cos L\cos\lambda - \cos L\sin\lambda]$$
$$a_{i3} = e_{i1}\cos L\cos\lambda + e_{i2}\cos L\sin\lambda$$

2）伪距率量测方程。对应于惯导给出的位置处的伪距率为

$$\dot{\rho}_{Ii} = e_{i1}(\dot{x}_I - \dot{x}_{si}) + e_{i2}(\dot{y}_I - \dot{y}_{si}) + e_{i3}(\dot{z}_I - \dot{z}_{si}) \tag{3.8.55}$$

式中

$$\dot{x}_I = \dot{x} + \delta\dot{x}; \quad \dot{y}_I = \dot{y} - \delta\dot{y}; \quad \dot{z}_I = \dot{z} - \delta\dot{z}$$

则式（3.8.55）可写成

$$\dot{\rho}_{Ii} = e_{i1}(\dot{x} - \dot{x}_{si}) + e_{i2}(\dot{y} - \dot{y}_{si}) + e_{i3}(\dot{z} - \dot{z}_{si}) + e_{i1}\delta\dot{x} + e_{i2}\delta\dot{y} + e_{i3}\delta\dot{z} \tag{3.8.56}$$

GPS 测得的伪距率为

$$\dot{\rho}_{Gi} = e_{i1}(\dot{x} - \dot{x}_{si}) + e_{i2}(\dot{y} - \dot{y}_{si}) + e_{i3}(\dot{z} - \dot{z}_{si}) + \delta t_{ru} + v_{\rho i} \tag{3.8.57}$$

伪距率量测值可以写成

$$\dot{\rho}_{Ii} - \dot{\rho}_{Gi} = e_{i1}\delta\dot{x} + e_{i2}\delta\dot{y} + e_{i3}\delta\dot{z} - \delta t_{ru} - v_{\rho i} \tag{3.8.58}$$

取 $i = 1,2,3,4$，则得

$$\delta\dot{\boldsymbol{\rho}} = \begin{bmatrix} e_{11} & e_{12} & e_{13} & 1 \\ e_{21} & e_{22} & e_{23} & 1 \\ e_{31} & e_{32} & e_{33} & 1 \\ e_{41} & e_{42} & e_{43} & 1 \end{bmatrix} \begin{bmatrix} \delta\dot{x} \\ \delta\dot{y} \\ \delta\dot{z} \\ \delta\dot{t}_u \end{bmatrix} + \begin{bmatrix} v_{\dot{\rho}1} \\ v_{\dot{\rho}2} \\ v_{\dot{\rho}3} \\ v_{\dot{\rho}4} \end{bmatrix} \tag{3.8.59}$$

如果惯导系统采用地球固定坐标系（ECEF）进行导航，则可用式（3.8.59）构造系统量测方程。当惯导系统用地理坐标系作为导航坐标系时，则需把 $\delta\dot{x}, \delta\dot{y}, \delta\dot{z}$ 用 $\delta v_E, \delta v_N, \delta v_U$ 表示。由

$$\begin{bmatrix} \delta\dot{x} \\ \delta\dot{y} \\ \delta\dot{z} \end{bmatrix} = \boldsymbol{C}_n^e \begin{bmatrix} \delta v_E \\ \delta v_N \\ \delta v_U \end{bmatrix} \tag{3.8.60}$$

有

$$\delta\dot{x} = -\delta v_E\sin\lambda - \delta v_N\sin L\cos\lambda + \delta v_U\cos L\cos\lambda$$
$$\delta\dot{y} = \delta v_E\cos\lambda - \delta v_N\sin L\sin\lambda + \delta v_U\cos L\sin\lambda$$
$$\delta\dot{z} = \delta v_N\cos L + \delta v_U\sin L \tag{3.8.61}$$

把式（3.8.61）代入式（3.8.51），则可得出伪距率量测方程为

$$\boldsymbol{Z}_{\dot{\rho}}(t) = \boldsymbol{H}_{\dot{\rho}}(t)\boldsymbol{X}(t) + \boldsymbol{V}_{\dot{\rho}}(t) \tag{3.8.62}$$

式中

$$\boldsymbol{H}_{\dot{\rho}} = [\boldsymbol{O}_{4\times3} \vdots \boldsymbol{H}_{\dot{\rho}1} \vdots \boldsymbol{O}_{4\times12} \vdots \boldsymbol{H}_{\dot{\rho}2}]_{4\times20}$$

$$\boldsymbol{H}_{\dot{\rho}1} = \begin{bmatrix} b_{11} & b_{12} & b_{13} \\ b_{21} & b_{22} & b_{23} \\ b_{31} & b_{32} & b_{33} \\ b_{41} & b_{42} & b_{43} \end{bmatrix}, \quad \boldsymbol{H}_{\dot{\rho}2} = \begin{bmatrix} 1 & 0 \\ 1 & 0 \\ 1 & 0 \\ 1 & 0 \end{bmatrix}$$

$$b_{i1} = -e_{i1}\sin\lambda + e_{i2}\cos\lambda$$
$$b_{i2} = -e_{i2}\sin L\cos\beta\lambda - e_{i2}\sin L\sin\lambda + e_{i3}\cos L$$
$$b_{i3} = -e_{i1}\cos L\cos\lambda + e_{i2}\cos L\sin\lambda + e_{i3}\sin L$$

第四章 自主航行器能源动力技术

推动自主航行器前进的装置为动力装置,通常称发动机。发动机本质上是把某种能源转化为动能的能量转换装置。它广泛应用在汽车、轮船、坦克、飞机、火箭和潜艇等自主航行器上。发动机的能量来源有化学能、太阳能、核能等,其中化学能应用最广泛。发动机技术经过几十年的发展,从早期的活塞式发动机,到喷气式发动机、火箭发动机,还有太阳能、核能发动机等,时至今日,发动机已经形成了一个能量来源多样、种类繁多,用途各不相同的大家族。

4.1 发动机分类

发动机按能量来源不同可分为化学能发动机和新能源发动机。化学能发动机是利用燃料和氧化剂进行化学反应产生的能量驱动自主航行器前进的。新能源发动机有核能发动机和太阳能发动机等。

化学能发动机常见的分类原则有两种:按空气是否参加发动机工作和发动机产生推进动力的原理。按发动机是否需要空气参加工作,飞行器发动机可分为以下两类。

吸气式发动机简称航空发动机,它必须吸进空气作为燃料的氧化剂(助燃剂),所以不能到稠密大气层之外的空间工作,只能作为航空器的发动机。一般所说的航空发动机即指这类发动机。根据吸气式发动机工作原理的不同,吸气式发动机又分为活塞式发动机、燃气涡轮发动机、冲压喷气式发动机和脉冲喷气式发动机等。

火箭发动机是一种不依赖空气工作的发动机,航天器由于需要飞到大气层外,所以必须安装这种发动机。它也可用作航空器的助推动力。按能源形式不同,火箭发动机又分为液体火箭发动机、固体火箭发动机和固液混合发动机等。

按产生推进动力的原理不同,发动机又可分为直接反作用力发动机、间接反作用力发动机两类。直接反作用力发动机是利用向后喷射高速气流,产生向前的反作用力来推进飞行器。直接反作用力发动机又叫喷气式发动机,这类发动机有涡轮喷气式发动机、冲压喷气式发动机、脉冲喷气式发动机和火箭发动机等。

间接反作用力发动机是由发动机带动飞机的螺旋桨、直升机的旋翼旋转对空气做功,使空气加速向后(向下)流动时,空气对螺旋桨(旋翼)产生反作用力来推进飞行器。这类发动机有活塞式发动机、涡轮螺旋桨发动机、涡轮轴发动机、涡轮螺旋桨风扇发动机等。而涡轮风扇发动机则既有直接反作用力,也有间接反作用力,但常将其划归直接反作用力发动机一类,所以也称其为涡轮风扇喷气发动机。图4.1.1为发动机分类图。

不同类型的发动机由于其结构和产生推力的原理不同,适合不同的速度和高度范围,图4.1.2列出了各类发动机的适用范围。

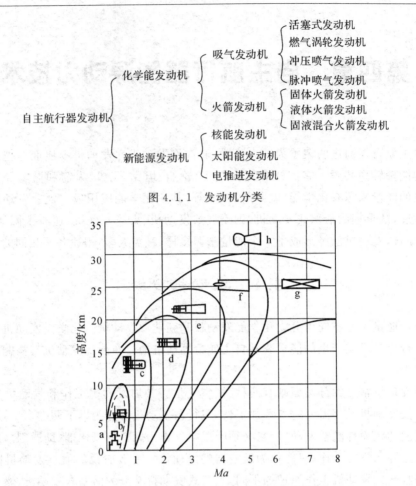

图 4.1.1 发动机分类

图 4.1.2 不同发动机适用的速度和高度范围
a—活塞发动机(虚线)；b—涡轮螺旋桨发动机；c—涡轮风扇发动机；d—涡轮喷气发动机；
e—带加力燃烧室的涡轮喷气发动机；f—冲压喷气发动机；g—超声速燃烧的冲压发动机；h—火箭喷气发动机

4.2 吸气式发动机

4.2.1 活塞式发动机

活塞式发动机是利用汽油与空气混合,在密闭的容器(气缸)内燃烧,膨胀做功的机械。活塞式发动机必须带动螺旋桨,由螺旋桨产生推(拉)力。因此,作为飞机的动力装置时,发动机与螺旋桨是不能分割的。

1.活塞式发动机的主要组成

活塞式发动机主要由气缸、活塞、连杆、曲轴、气门机构、螺旋桨减速器、机匣等组成。气缸是混合气(汽油和空气)进行燃烧的地方。气缸内容纳活塞作往复运动。气缸头上装有点燃混合气的电火花塞(俗称电嘴),以及进、排气门。发动机工作时气缸温度很高,所以气缸外壁上有许多散热片,用以扩大散热面积。气缸在发动机壳体(机匣)上的排列形式多为星形或V形。常见的星形发动机有5个、7个、9个、14个、18个或24个气缸不等。在单缸容积相同的情况下,气缸数目越多发动机功率越大。活塞承受燃气压力在气缸内作往复运动,并通过连杆将这种运动转变成曲轴的旋转运动。连杆用来连接活塞和曲轴。曲轴是发动机输出功率的部件。曲轴转动时,通过减速器带动螺旋桨转动而产生拉力。除此而外,曲轴还要带动一些附件(如各种油泵、发电机等)。气门机构用来控制进气门、排气门定时打开和关闭。

2. 活塞式发动机的工作原理

活塞顶部在曲轴旋转中心最远的位置叫上死点,最近的位置叫下死点,从上死点到下死点的距离叫活塞冲程。活塞式航空发动机大多是四冲程发动机,即一个气缸完成一个工作循环,活塞在气缸内要经过四个冲程,依次是进气冲程、压缩冲程、膨胀冲程和排气冲程。

发动机开始工作时,首先进入"进气冲程",气缸头上的进气门打开,排气门关闭,活塞从上死点向下滑动到下死点为止,气缸内的容积逐渐增大,气压降低——低于外面的大气压,于是新鲜的汽油和空气的混合气体,通过打开的进气门被吸入气缸内。混合气体中汽油和空气的比例,一般是 1 : 15,即燃烧 1kg 的汽油需要 15kg 的空气。

进气冲程完毕后,开始了第二冲程,即"压缩冲程"。这时曲轴靠惯性作用继续旋转,把活塞由下死点向上推动。这时进气门也同排气门一样严密关闭。气缸内容积逐渐减少,混合气体受到活塞的强烈压缩。当活塞运动到上死点时,混合气体被压缩在上死点和气缸头之间的小空间内。这个小空间叫作"燃烧室"。这时混合气体的压强加到 10atm(1atm = 101 325Pa),温度也增加到 400℃ 左右。压缩是为了更好地利用汽油燃烧时产生的热量,使限制在燃烧室这个小小空间里的混合气体的压强大大提高,以便增加它燃烧后的做功能力。

当活塞处于下死点时,气缸内的容积最大,在上死点时容积最小(后者也是燃烧室的容积)。混合气体被压缩的程度,可以用这两个容积的比值来衡量。这个比值叫"压缩比"。活塞航空发动机的压缩比大约是 5~8,压缩比越大,气体被压缩得越厉害,发动机产生的功率也就越大。

压缩冲程之后是"工作冲程",也是第三个冲程。在压缩冲程快结束,活塞接近上死点时,气缸头上的火花塞通过高压电产生了电火花,将混合气体点燃,燃烧时间很短,大约 0.015s;但是速度很快,大约达到 30m/s。气体猛烈膨胀,压强急剧增高,可达 60~75atm,燃烧气体的温度达到 2 000~2 500℃。燃烧时,局部温度可能达到 3 000~4 000℃,燃气加到活塞上的冲击力可达 1.5×10^5 N。活塞在燃气的强大压力作用下,向下死点迅速运动,推动连杆也向下跑,连杆便带动曲轴转动起来。这个冲程是使发动机能够工作而获得动力的唯一冲程。其余三个冲程都是为这个冲程作准备的。

第四个冲程是"排气冲程"。工作冲程结束后,由于惯性,曲轴继续旋转,使活塞由下死点向上运动。这时进气门仍旧关闭,而排气门大开,燃烧后的废气便通过排气门向外排出。当活塞到达上死点时,绝大部分的废气已被排出。然后排气门关闭,进气门打开,活塞又由上死点下行,开始了新的一次循环。

从进气冲程吸入新鲜混合气体起,到排气冲程排出废气止,汽油的热能通过燃烧转化为推动活塞运动的机械能,带动螺旋桨旋转而做功,这一总的过程叫作一个"循环"。这是一种周而复始的运动。由于其中包含着热能到机械能的转化,所以又叫作"热循环"。

活塞航空发动机要完成四冲程工作,除了上述气缸、活塞、连杆、曲轴等构件外,还需要一些其他必要的装置和构件。

3.活塞式航空发动机的辅助工作系统

发动机除主要部件外,还需要若干辅助系统与之配合才能工作。主要有进气系统(为了改善高空性能,在进气系统内常装有增压器,其功用是增大进气压力)、燃油系统、点火系统(主要包括高电压磁电机、输电线、火花塞)、启动系统(一般为电动启动机)、散热系统和润滑系统等。

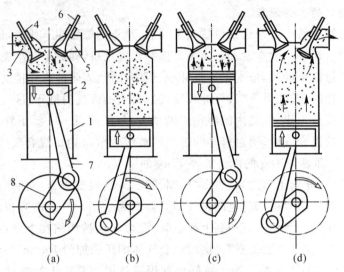

图 4.2.1 活塞式发动机工作原理

(a)进气行程; (b)压缩行程; (c)膨胀行程; (d)排气行程

1—气缸; 2—活塞; 3—进气门; 4—进气阀; 5—排气门; 6—排气阀; 7—连杆; 8—曲轴

4.2.2 空气喷气发动机

在第二次世界大战以前,所有的飞机都采用活塞式发动机作为飞机的动力,这种发动机本身并不能产生向前的动力,而是需要驱动一副螺旋桨,使螺旋桨在空气中旋转,以此推动飞机前进。这种"活塞式发动机+螺旋桨"的组合一直是飞机固定的推进模式,很少有人提出过质疑。

到了 20 世纪 30 年代末,尤其是在第 2 次世界大战中,由于战争的需要,飞机的性能得到了迅猛的发展,飞行速度达到 700~800km/h,高度达到了 10 000m 以上,但人们突然发现,螺旋桨飞机似乎达到了极限,尽管工程师们将发动机的功率越提越高,从 1 000kW,到 2 000kW甚至 3 000kW,但飞机的速度仍没有明显的提高,发动机明显感到"有劲使不上"。

问题就出在螺旋桨上,当飞机的速度达到 800km/h 时,由于螺旋桨始终在高速旋转,桨尖部分实际上已接近声速,这种跨声速流场的直接后果就是螺旋桨的效率急剧下降,推力下降,同时,由于螺旋桨的迎风面积较大,带来的阻力也较大,而且,随着飞行高度的上升,大气变得稀薄,活塞式发动机的功率也会急剧下降。这几个因素合在一起,决定了"活塞式发动机+螺旋桨"的推进模式已经走到了尽头,要想进一步提高飞行性能,必须采用全新的推进模式,喷气发动机应运而生。

喷气推进的原理根据牛顿第三定律,作用在物体上的力都有大小相等、方向相反的反作用力。喷气发动机在工作时,从前端吸入大量的空气,燃烧后高速喷出,在此过程中,发动机向气体施加力,使之向后加速,气体也给发动机一个反作用力,推动飞机前进。事实上,这一原理很早就被应用于实践中,爆竹就是依靠尾部喷出火药气体的反作用力飞上天空的。

早在1913年,法国工程师雷恩·洛兰就获得了一项喷气发动机的专利,但这是一种冲压式喷气发动机,在当时的低速下根本无法工作,而且也缺乏所需的高温耐热材料。1930年,弗兰克·惠特尔取得了他使用燃气涡轮发动机的第一个专利,但直到11年后,他的发动机才完成首次飞行。惠特尔的这种发动机形成了现代涡轮喷气发动机的基础。

一、燃气涡轮发动机

燃气涡轮发动机是目前应用最广泛的航空发动机,它主要由压气机、燃烧室和涡轮组成。空气在压气机中被压缩后,进入压缩室,与喷入的燃油混合燃烧,生成高温高压燃气。燃气在膨胀过程中驱动涡轮做高速旋转,将部分能量转变为涡轮的机械能。涡轮带动压气机不断吸进空气并进行压缩,使发动机能连续工作。压气机、燃烧室和涡轮这三大部件组成了燃气涡轮发动机的核心机,它不断输出具有一定可用能量的燃气,因此又叫燃气发生器。按核心机出口燃气的可用能量的利用方式不同,燃气涡轮发动机分为涡轮喷气发动机、涡轮风扇发动机、涡轮螺桨发动机、涡轮桨扇发动机和涡轮轴发动机等。

1. 涡轮喷气发动机

现代涡轮喷气发动机的结构由进气道、压气机、燃烧室、涡轮和尾喷管组成,如图4.2.2所示。战斗机的涡轮和尾喷管间还有加力燃烧室,如图4.2.3所示。涡轮喷气发动机仍属于热机的一种,就必须遵循热机的做功原则:在高压下输入能量,低压下释放能量。因此,从产生输出能量的原理上讲,喷气式发动机和活塞式发动机是相同的,都需要有进气、加压、燃烧和排气这4个阶段,不同的是,在活塞式发动机中这4个阶段是分时依次进行的,但在喷气发动机中则是连续进行的,气体依次流经喷气发动机的各个部分,就对应着活塞式发动机的4个工作位置。

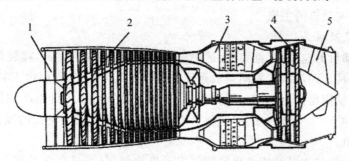

图4.2.2 涡轮喷气发动机的组成

1—进气道; 2—压气机; 3—燃烧室; 4—涡轮; 5—尾喷管

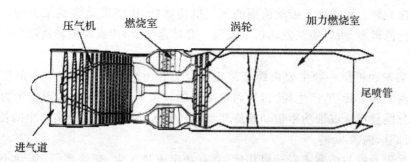

图4.2.3 加力时涡轮喷气发动机的组成

空气首先进入的是发动机的进气道,当飞机飞行时,可以看作气流以飞行速度流向发动机,由于飞机飞行的速度是变化的,而压气机适应的来流速度是有一定范围的,因而进气道的功能就是通过可调管道,将来流调整为合适的速度。在超声速飞行时,在进气道前和进气道内气流速度减至亚声速,此时气流的滞止可使压力升高十几倍甚至几十倍,大大超过压气机中的压力提高倍数,因而产生了单靠速度冲压,不需压气机的冲压喷气发动机。

进气道后的压气机是专门用来提高气流压力的,空气流过压气机时,压气机工作叶片对气流做功,使气流的压力、温度升高。在亚声速时,压气机是气流增压的主要部件。

从燃烧室流出的高温高压燃气,流过与压气机装在同一条轴上的涡轮。燃气的部分内能在涡轮中膨胀转化为机械能,带动压气机旋转,在涡轮喷气发动机中,气流在涡轮中膨胀所做的功正好等于压气机压缩空气所消耗的功以及传动附件克服摩擦所需的功。经过燃烧后,涡轮前的燃气能量大大增加,因而在涡轮中的膨胀比远小于压气机中的压缩比,涡轮出口处的压力和温度都比压气机进口高很多,发动机的推力就来自这一部分燃气的能量。

从涡轮中流出的高温高压燃气,在尾喷管中继续膨胀,以高速沿发动机轴向从喷口向后排出。这一速度比气流进入发动机的速度大得多,使发动机获得了反作用的推力。

一般来讲,当气流从燃烧室出来时的温度越高,输入的能量就越大,发动机的推力也就越大。但是,由于涡轮材料等的限制,目前只能达到1 650K左右,现代战斗机有时需要短时间增加推力,就在涡轮后再加上一个加力燃烧室喷入燃油,让未充分燃烧的燃气与喷入的燃油混合再次燃烧,由于加力燃烧室内无旋转部件,温度可达2 000K,可使发动机的推力增加至1.5倍左右。其缺点就是油耗急剧加大,同时过高的温度也影响发动机的寿命,因此发动机开启加力一般是有时限的,低空不过十几秒,多用于起飞或战斗时,在高空则可持续较长的时间。

喷气发动机尽管在低速时油耗要大于活塞式发动机,但其优异的高速性能使其迅速取代了后者,成为航空发动机的主流。

2. 涡轮螺桨发动机

涡轮喷气发动机的速度高、推力大,适用于较高速度飞行的飞机。在较低速度下,由于耗油率太高,很不经济。而活塞式发动机虽然比较适合在低速下飞行,但由于其功率小、重量大、振动大等缺点,其使用范围也越来越受到限制,目前一般只用在飞行速度较低的小型飞机上。对于飞行速度在500～700km/h的中小型飞机,为了进一步改善发动机的经济性,现在普遍采用涡轮螺桨发动机。

涡轮螺桨发动机的主要结构和涡轮喷气发动机相似,只不过在此基础上增加了减速装置和螺旋桨,如图4.2.4所示。发动机启动后,涡轮开始工作,带动前面的压气机转动,并从进气道吸入大量的空气,被压缩机压缩的空气送入燃烧室进行燃烧,从燃烧室出来的高温高速气流吹动涡轮高速旋转。涡轮除了带动前面的压气机转动外,还要带动螺旋桨旋转。由于螺旋桨的转速比涡轮低得多,所以要在发动机上安装一套减速装置,使涡轮的转速降低到螺旋桨需要的转速。

涡轮螺桨发动机是一种主要由螺旋桨提供拉力和由燃气提供少量推力的燃气涡轮发动机。涡轮带动螺旋桨转动,产生拉力,从涡轮出来的气流从尾喷管喷出,产生推力。由于涡轮燃气的大部分能量都变成轴功率带动螺旋桨和压气机转动,因此,螺旋桨产生的拉力是飞机总推力的主要部分,约占90%。

涡轮螺桨发动机与活塞式发动机相比,具有功率重量比大、耗油率低、振动小和高空性能好的优点。与涡轮喷气发动机比,由于螺旋桨的排气量远比涡轮喷气发动机的排气量大,因此涡轮螺桨发动机在低亚声速(700km/h 以下)飞行时效率较高,耗油率小,经济性好。但当飞行速度进一步提高时,螺旋桨的效率急剧下降,大大降低了原有的优势。为了解决这些矛盾,同时又要保证发动机的经济性能,较好的方案就是采用涡轮风扇发动机。

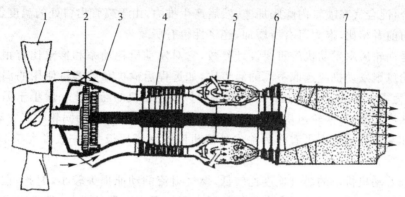

图 4.2.4　涡轮螺桨发动机的组成

1—螺旋桨；　2—减速齿轮；　3—进气道；　4—压气机；　5—燃烧室；　6—涡轮；　7—尾喷管

3.涡轮风扇发动机

自从惠特尔发明了第一台涡轮喷气发动机以后,涡轮喷气发动机便很快以其强大的动力、优异的高速性能取代了活塞式发动机,成为战斗机的首选动力装置,并开始在其他飞机中得到应用。但是,随着喷气技术的发展,涡轮喷气发动机的缺点也越来越突出,那就是在低速下耗油量大,效率较低,使飞机的航程变得很短。尽管这对于执行防空任务的高速战斗机还并不十分严重,但若用在对经济性有严格要求的亚声速民用运输机上却是不可接受的。

要提高喷气发动机的效率,首先要知道什么是发动机的效率。发动机的效率实际上包括两个部分,即热效率和推进效率。为提高热效率,一般需要提高燃气在涡轮前的温度和压气机的增压比,但在飞机的飞行速度不变的情况下,提高涡轮前温度将会使喷气发动机的排气速度增加,导致在空气中损失的动能增加,这样又降低了推进效率。由于热效率和推进效率对发动机循环参数矛盾的要求,涡轮喷气发动机的总效率难以得到较大的提升。

那么,如何才能同时提高喷气发动机的热效率和推进效率,也就是怎样才能既提高涡轮前温度又不增加排气速度呢？答案就是采用涡轮风扇发动机。这种发动机在涡轮喷气发动机的基础上增加了几级涡轮,并由这些涡轮带动一排或几排风扇,风扇后的气流分为两部分,一部分进入压气机(内涵道),另一部分则不经过燃烧,直接排到空气中(外涵道)。由于涡轮风扇发动机一部分的燃气能量被用来带动前端的风扇,因此降低了排气速度,提高了推进效率,而且,如果为提高热效率而提高涡轮前温度,可以通过调整涡轮结构参数和增大风扇直径,使更多的燃气能量经风扇传递到外涵道,就不会增加排气速度。这样,对于涡轮风扇发动机来讲,热效率和推进效率不再矛盾,只要结构和材料允许,提高涡轮前温度总是有利的。

涡轮风扇发动机的涡轮分为高压涡轮和低压涡轮,如图 4.2.5 所示,高压涡轮带动压气机转动,低压涡轮带动风扇转动。发动机启动后,风扇转动,风扇吸入大量的空气并将空气进行压缩。压缩的气流分成两股,一股气流经过外通道向后流去,经喷管加速排出,这股气流所经过的通道称为外涵道;另一股气流与普通涡轮喷气发动机相同,经过压气机,进入燃烧室和涡

自主航行技术

轮后由尾喷管排出,这股气流通过的通道称为内涵道,所以这类发动机又叫作内外涵发动机。其中外股气流与内股气流流量之比称为涵道比,两股气流可以分别从各自喷管排出,也可以在涡轮后混合,然后再一起排出。前者推力是内、外涵推力的总和,推力随着发动机参数和工作状态的不同变化很大;后者带有共同的喷管,经过涡轮膨胀后的内涵燃气流在混合室与外涵空气流进行混合,混合气在喷管内膨胀加速,然后产生推力,由于喷管出口处的温度场均匀,所以这种发动机与前者相比,推力可有所增加,经济性也有所改善。

涵道比是涡轮风扇发动机的重要设计参数,它对发动机耗油率和推重比有很大影响。不同用途的涡轮风扇发动机应选取不同的涵道比,如远程运输机和旅客机使用的涡轮风扇发动机,其涵道比为4～10,战斗机选用的加力式涡轮风扇发动机的涵道比一般小于1,甚至可小到0.2～0.3。从广义来看,涡轮风扇发动机的涵道比减小到零时即成为涡轮喷气发动机,而涡轮螺桨发动机和桨扇发动机则可看作为除去外涵机匣的涵道比极大(一般说大于25)的涡轮风扇发动机。

涡轮风扇发动机排出的燃气速度比较低,燃气射流的动能损失较小,因此,在亚声速飞行时有较好的经济性。由于涡轮风扇发动机的风扇可以吸入大量的空气,使进入发动机的空气量增加,虽然燃气喷出速度下降,但燃气流量与速度的乘积得以大大提高,也就是说,在燃油量一定的情况下,推力却有所增加,因此发动机的效率有所提高。另外,由于涡轮风扇发动机的排气速度较小,对降低噪声有利,所以非常适合于民航机使用。目前民用涡轮风扇发动机的涵道比已提高到8～10,涵道比的提高,可以充分发挥风扇的效能。因此,为了进一步提高发动机的性能,民用涡轮风扇发动机有向高涵道比、高涡轮前温度和高增压比发展的趋势。

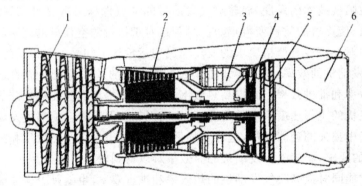

图 4.2.5 涡轮风扇发动机的组成
1—风扇; 2—压气机; 3—燃烧室; 4—高压涡轮; 5—低压涡轮; 6—尾喷管

二、冲压喷气发动机

冲压喷气发动机是一种利用迎面气流进入发动机后减速,使空气提高静压的一种空气喷气发动机。它通常由进气道(又称扩压器)、燃烧室、推进喷管3部分组成(见图4.2.6)。冲压发动机没有压气机(也就不需要燃气涡轮),所以又称为不带压气机的空气喷气发动机。

这种发动机压缩空气的方法,是靠飞行器高速飞行时的相对气流进入发动机进气道中减速,将动能转变成压力能(例如进气速度为3倍声速时,理论上可使空气压力提高37倍)。冲压发动机工作时,高速气流迎面向发动机吹来,在进气道内扩张减速,气压和温度升高后进入燃烧室与燃油(一般为煤油)混合燃烧,将温度提高到 2 000～2 200℃甚至更高,高温燃气随后经推进喷管膨胀加速,由喷口高速排出而产生推力。冲压发动机的推力与进气速度有关,如进气速度为 3 倍声速时,在地面产生的静推力可以超过 200kN。

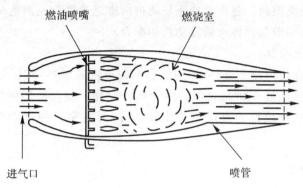

图 4.2.6　冲压喷气发动机的组成

冲压发动机的构造简单、重量轻、推重比大、成本低,但因没有压气机,不能在静止的条件下启动,所以不宜作为普通飞机的动力装置,而常与别的发动机配合使用,成为组合式动力装置,如冲压发动机与火箭发动机组合,冲压发动机与涡喷发动机或涡扇发动机组合等,如图 4.2.7所示。

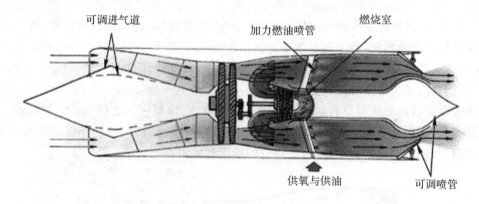

图 4.2.7　火箭/冲压组合发动机

安装组合式动力装置的飞行器,在起飞时开动火箭发动机、涡喷或涡扇发动机,待飞行速度足够使冲压发动机正常工作时,再使用冲压发动机而关闭与之配合工作的发动机;在着陆阶段,当飞行器的飞行速度降低至冲压发动机不能正常工作时,又重新启动与之配合的发动机。如果冲压发动机作为飞行器的动力装置单独使用时,则这种飞行器必须由其他飞行器携带至空中并具有一定速度时,才能将冲压发动机启动后投放。冲压发动机或组合式冲压发动机一般用于导弹和超声速或亚声速靶机上。按应用范围划分,冲压发动机分为亚声速、超声速、高超声速三类。

1.亚声速冲压发动机

亚声速冲压发动机使用扩散形进气道和收敛形喷管,以航空煤油为燃料。飞行时增压比不超过 1.89,飞行马赫数小于 0.5 时一般不能正常工作。亚声速冲压发动机用在亚声速航空器上,如亚声速靶机。

2.超声速冲压发动机

超声速冲压发动机采用超声速进气道(燃烧室入口为亚声速气流)和收敛形或收敛扩散形喷管,用航空煤油或烃类燃料。超声速冲压发动机的推进速度为亚声速~6倍声速,用于超声速靶机和地对空导弹(一般与固体火箭发动机相配合)。

3.高超声速冲压发动机

这种发动机燃烧在超声速下进行,使用碳氢燃料或液氢燃料,飞行马赫数高达5~16,目前高超声速冲压发动机正处于研制之中。由于超声速冲压发动机的燃烧室入口为亚声速气流,也有将前两类发动机统称为亚声速冲压发动机,而将第三种发动机称为超声速冲压发动机。

三、脉冲喷气发动机

脉冲喷气发动机是喷气发动机的一种,可用于靶机、导弹或航空模型上。德国纳粹在第二次世界大战的后期,曾用它来推动 V-1 导弹,轰炸过伦敦。这种发动机的结构如图 4.2.8 所示,它的前部装有单向活门,之后是含有燃油喷嘴和火花塞的燃烧室,最后是特殊设计的长长的尾喷管。

脉冲喷气发动机工作时,首先把压缩空气打入单向活门,或使发动机在空中运动,这时便有气流进入燃烧室,然后油嘴喷油,火花塞点火燃烧。这时长尾喷管在燃气喷出后,由于燃气流的惯性作用,虽然燃烧室内的压强同外面大气的压强相等,但仍会继续向外喷,所以在燃烧室内造成空气稀薄的现象,使压强显著降低到小于大气压,于是空气再次打开单向活门流入燃烧室,喷油点火燃烧,开始第二个循环。这样周而复始,发动机便可不断地工作了。这种发动机由进气到燃烧、排气的循环过程进行得很快,大约可达 40~50 次/s。

脉冲式发动机在原地可以启动,构造简单,重量轻,造价便宜。这些都是它的优点。但它只适于低速飞行(速度极限约为 640~800km/h),飞行高度也有限,单向活门的工作寿命短,加上振动剧烈,燃油消耗率大等缺点,使得它的应用受到限制。

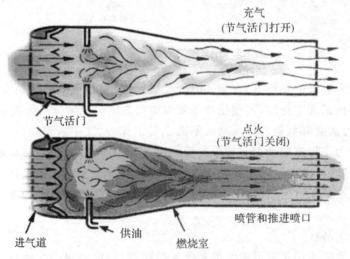

图 4.2.8 脉冲喷气发动机的组成及工作原理

4.3 火箭发动机

火箭发动机是我国劳动人民首先创造出来的。早在唐代初年(约在 7 世纪)火药就出现了,南宋时代火药用来制造烟火,其中包括"起花"。大约在 13 世纪制成火箭。我国古代制造的火箭和起花所用的是黑色火药。它们的工作原理和现代的固体燃料火箭是一样的。

同空气喷气发动机相比较,火箭发动机的最大特点是:它自身既带燃料,又带氧化剂,靠氧化剂来助燃,不需要从周围的大气层中汲取氧气。因此,它不但能在大气层内,也可在大气层之外的宇宙真空中工作。这是任何空气喷气发动机都做不到的。目前发射的人造卫星、月球飞船以及各种宇宙飞行器所用的推进装置,都是火箭发动机。

现代火箭发动机主要分固体推进剂火箭发动机和液体推进剂火箭发动机。所谓"推进剂"就是燃料(燃烧剂)加氧化剂的合称。

4.3.1 固体火箭发动机

固体火箭发动机为使用固体推进剂的化学火箭发动机。固体推进剂有聚氨酯、聚丁二烯、端羟基聚丁二烯、硝酸酯增塑聚醚等。

固体火箭发动机由药柱、燃烧室、喷管组件和点火装置等组成,如图 4.3.1 所示。

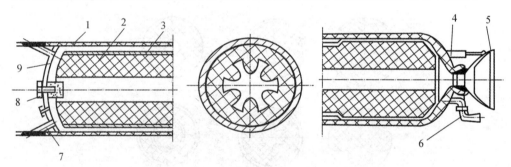

图 4.3.1 固体火箭发动机的组成

1—燃烧室壳体; 2—药柱; 3—包覆层; 4—喷管摆动机构; 5—喷管组件; 6—侧面喷管
7—推力终止装置; 8—点火装置; 9—前顶盖

药柱是由推进剂与少量添加剂制成的中空圆柱体(中空部分为燃烧面,其横截面形状有圆形、星形等)。药柱置于燃烧室(一般即为发动机壳体)中。在推进剂燃烧时,燃烧室须承受 $2\,500\sim3\,500\,℃$ 的高温和 $10^2\sim2\times10^7\,Pa$ 的高压力,所以须用高强度合金钢、钛合金或复合材料制造,并在药柱与燃烧内壁间装备隔热衬。

点火装置用于点燃药柱,通常由电发火管和火药盒(装黑火药或烟火剂)组成。通电后由电热丝点燃黑火药,再由黑火药点燃药柱。

喷管除使燃气膨胀加速产生推力外,为了控制推力方向,常与推力向量控制系统组成喷管组件。该系统能改变燃气喷射角度,从而实现推力方向的改变。

药柱燃烧完毕,发动机便停止工作。

1.固体火箭发动机推进剂的种类

固体推进剂包含两大类,即胶体(双基)推进剂和复合推进剂。

胶体推进剂为一种有机物的固态溶液（混合物），目前用得较多的是消化纤维在某些炸药（硝化甘油和硝化二醇等）中的胶状溶液。为了提高推进剂的储存安定性，提高燃烧速度和热塑性以及降低爆炸危险等，还掺入了一些添加剂，如稳定剂、增塑剂和钝化剂等。

复合推进剂是将氧化剂的微粒均匀地分布在固体燃烧剂中，是氧化剂微粒和燃烧剂的机械混合物。复合推进剂的氧化剂用得较多的是硝酸盐和氯酸盐；而燃烧剂是具有一定机械性能和黏附性能的黏合剂，常用的有橡胶、树脂和塑料等。

胶体推进剂和复合推进剂的主要区别是复合推进剂能够稳定燃烧的初始温度和压力范围更宽，燃烧温度更高，比冲更大。

2.固体火箭发动机药柱形状和特点

药柱的几何形状及尺寸直接决定着固体火箭发动机的主要性能参数（推力和工作时间等）。因此药柱的形状，必须根据推进剂的性能和发动机的原始参数来确定。药柱的形状与药柱的燃烧方式密切相关，药柱的形状不同，它的燃烧方式也就不一样。不同的药柱形状对推力的变化规律有很大的影响。按燃烧的方式不同，可以将药柱形状分为端面燃烧、侧面燃烧和端、侧面燃烧3种类型，如图4.3.2所示。

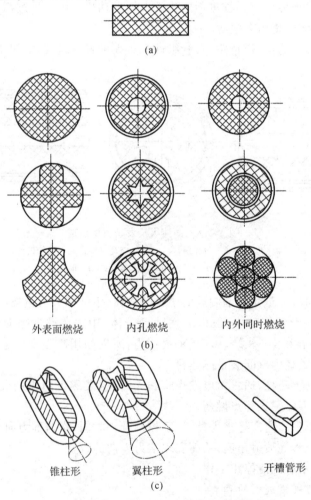

图4.3.2　固体火箭发动机各种典型的药柱形状
(a)一维药柱；　(b)二维药柱；　(c)三维药柱

端面燃烧的药柱大都为圆柱形,整个侧面和另一端面有包覆层阻燃,燃烧时燃面沿轴向推进,因此又称一维药柱,如图 4.3.2(a)所示。此种药柱主要用于助推器和燃气发生器。

侧面燃烧药柱的两个端面都有包覆层阻燃,药柱形状很多,可以得到各种不同的表面变化规律,如图 4.3.2(b)所示。侧面燃烧可以分为内侧面燃烧和外侧面燃烧。内侧面燃烧时,药柱由内向外燃烧,可以避免燃烧室壁与燃气接触,室壁的隔热要求较低。外侧面燃烧或内外侧面同时燃烧时,由于燃气始终冲刷燃烧室壁,所以要求严格绝热,因此增加了发动机的重量,工作时间也受限制。侧面燃烧的药柱属二维药柱,多用于小型战术导弹。

端、侧面同时燃烧的药柱一般为内侧面和端面同时燃烧,因此属于三维药柱。药柱内侧面有不同的形状,用来调节燃面大小及推力的变化规律,如图 4.3.2(c)所示。这种燃烧方式的药柱燃面变化比较复杂,燃面可调范围宽,适于大体积装填,广泛应用于大型发动机。

固体火箭发动机与液体火箭发动机相比较,具有结构简单,推进密度大,推进剂可以储存在燃烧室中常备待用和操纵方便可靠等优点。缺点是"比冲"(也叫比推力,是发动机推力与每秒消耗推进剂重量的比值,单位为 s)小。固体火箭发动机比冲在 250~300s,工作时间短,加速度大导致推力不易控制,重复启动困难,从而不利于载人飞行。

固体火箭发动机主要用作火箭弹、导弹和探空火箭的发动机,以及航天器发射和飞机起飞的助推发动机。

4.3.2　液体火箭发动机

液体火箭发动机是指液体推进剂的火箭发动机。按所用推进剂的组元(成分)数目,可以分为单、双和三组元液体火箭发动机。增加组元使系统复杂,而单组元的推进剂一般能量低,目前常用的是双组元推进剂。

常用的液体氧化剂有液态氧、四氧化二氮等,燃烧剂有液氢、偏二甲肼、煤油等。氧化剂和燃烧剂必须储存在不同的储箱中。

液体火箭发动机一般由推力室、推进剂供应系统、发动机控制系统组成。

推力室是将液体推进剂的化学能转变成推进力的重要组件。它由推进剂喷嘴、燃烧室、喷管组件等组成,如图 4.3.3 所示。

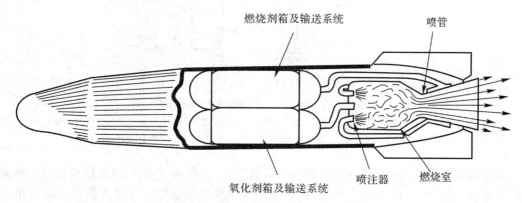

图 4.3.3　液体火箭发动机组成及工作原理

推进剂通过喷注器注入燃烧室,经雾化、蒸发、混合和燃烧等过程生成燃烧产物,以高速(2 500~5 000m/s)从喷管中冲出而产生推力。燃烧室内压力可达 200MPa,温度达 3 000~

4 000℃,故需要冷却。

1.推进剂供应系统

推进剂供应系统的功用是按要求的流量和压力向燃烧室输送推进剂。按输送方式不同,有挤压式(气压式)和泵压式两类供应系统,如图4.3.4和图4.3.5所示。

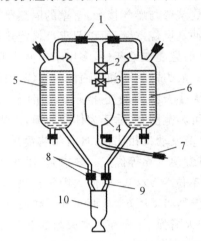

图4.3.4 液体火箭发动机挤压式供应系统

1—单向活门; 2—减压阀; 3—高压活门; 4—高压气瓶; 5—氧化剂储箱; 6—燃烧剂储箱; 7—充气导管; 8—主活门; 9—流量控制板; 10—推力室

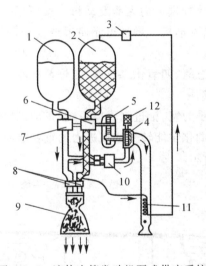

图4.3.5 液体火箭发动机泵式供应系统

1—燃烧室储箱; 2—氧化剂储箱; 3—增压活门; 4—涡轮; 5—齿轮箱; 6—氧化剂泵; 7—燃烧剂泵; 8—主活门; 9—推力室; 10—燃气发生器; 11—蒸发器; 12—火药启动器

挤压式供应系统是利用高压气体经减压器减压后(氧化剂、燃烧剂的流量是靠减压器调定的压力控制)进入氧化剂、燃烧剂储箱,将其分别挤压到燃烧室中。挤压式供应系统只用于小推力发动机。大推力发动机则用泵压式供应系统,这种系统是用液压泵输送推进剂。

2.推力室

推力室是将液体推进剂进行混合、燃烧,并将推进剂的化学能转变为推力的重要部件。它包括喷注器、燃烧室和喷管 3 部分,如图 4.3.6 所示。

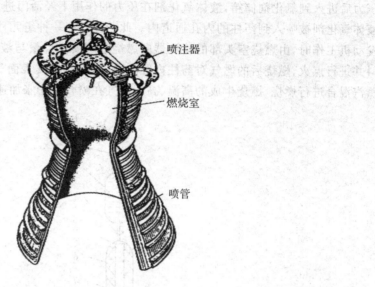

图 4.3.6 液体火箭发动机推力室组成

喷注器的作用是把推进剂喷入燃烧室,使之雾化、混合。推进剂雾化、混合的质量对燃烧效率和燃烧稳定性有重要影响。

燃烧室是推进剂雾化、混合和燃烧的场所。燃烧室承受高温燃气压力,通常为球形或圆柱形,头部装有喷注器,下面与喷管连成一体。燃烧室的压力可达 200MPa,温度达 3 000～4 000℃,因此需要冷却。推进剂中的一种组元可以从冷却套中流过,带走高温燃气传给推力室壁的热量,并对燃烧室冷却。

喷管和燃烧室组成整体式结构,高温燃气在喷管中膨胀、加速,将内能变为动能,产生高速射流,从而产生推力。火箭发动机的喷管都是超声速喷管,呈收敛－扩散形。喷管应保证气流流动损失最小,出口气流尽量与发动机轴线平行。

发动机控制系统的功用是对发动机的工作程序和工作参数进行调节和控制。工作程序包括发动机启动、工作、关机 3 个阶段,这一过程是按预定程序自动进行的。工作参数主要指推力大小、推进剂的混合比。

液体火箭发动机的优点是比冲高(250～500s),推力范围大(单台推力为 0.01N～700×10^6 N)、能反复启动、能控制推力大小、工作时间较长等。液体火箭发动机主要用作航天器发射、姿态修正与控制、轨道转移等。

4.3.3 固-液混合火箭发动机

固-液混合火箭发动机是使用固体组元和液体组元组合推进剂的火箭发动机,如图4.3.7所示。

固-液混合火箭发动机多采用固体燃烧剂和液体氧化剂,因为液体氧化剂的密度比液体燃烧剂大,因此有利于提高推进剂的平均比冲。固体药柱充填在燃烧室内,液体氧化剂储存在储箱内。

固-液混合火箭发动机的工作过程如下:高压气瓶中的气体经过减压阀减压,降低到所需压力后进入到氧化剂储箱,液体氧化剂在压力的作用下经活门进入燃烧室的喷注器,雾化了的液体氧化剂被喷入到药柱的内孔通道内。此药柱只有一种组元,因此自己不会产生燃烧反应。发动机工作时,由燃烧室头部的喷注器向燃烧室内喷注少量与液态氧化剂发生自燃的液体燃料并进行点火,燃烧后的燃气对药柱内腔的通道加温,使其表面气化,再与喷注器出来的液体蒸汽混合进行燃烧,燃烧生成的高温、高压燃气在喷管中膨胀加速,并以高速排出,产生推力。

图 4.3.7　固-液体混合火箭发动机

1—高压气瓶；ㅤ2—减压阀；ㅤ3—氧化剂储箱；ㅤ4—活门；ㅤ5—喷注器；ㅤ6—药柱；ㅤ7—燃烧室；ㅤ8—喷管

其优点主要表现在:

1)混合推进剂的性能较好,其比冲与液体推进剂相近,比固体推进剂高得多,而平均密度比液体推进剂高;

2)结构上比固体火箭发动机多一个喷注器,但比液体火箭发动机简单。

3)可以方便地实现关机和推力调节。

4.4　新能源动力技术

在自主航行器推进系统动力系统中,目前应用最多的仍是化学能动力系统,它是依靠燃料或推进剂的化学反应(燃烧)释放内能的,因此都属于热化学动力。动力系统的能源同时也是工质,或者是工质的一部分。

随着航空航天技术的发展和空间任务要求的提高,航行器的重量和工作时间都需要增加,任务更加艰巨,因此需要更大功率的动力系统来保证航行器的正常运动。而常规动力系统的推进剂的能量已经接近了化学推进剂燃烧能量的上限,因此常规化学动力系统的发展已经趋于极限,进一步发展就必须依靠非常规动力系统来实现。

非常规动力系统不依靠燃烧化学反应的能量工作,因此又称为非化学动力系统。动力系统的工质和能源往往是分开的,如电推进系统的能源是电,而推进工质(如氢、氩等)依靠电能获得动能而加速工作产生推力。目前非常规动力系统可分为核能发动机、太阳能发动机和电推进发动机。

4.4.1　核能发动机

所谓核热推进系统(即核能发动机),就是利用反应堆产生的裂变热能把工作介质(推进剂)加热到很高的温度,然后将高温高压的工作介质从喷管高速喷出,从而产生巨大的推动力。核火箭发动机由推进剂储箱、涡轮泵系统、辐射屏蔽、核反应堆热源和喷管系统 5 个部分组成。

如图 4.4.1 所示,核能发动机的工作流程是用液氢泵将液氢储箱中的液氢通过导管 8 抽出,并通过导管 9 打入冷却套 3,受热后变成气态的氢经导管 4 进入氢涡轮 5。在涡轮里气态氢进行局部膨胀,压力下降之后,进入核反应堆 1。氢吸收了反应堆的热量其温度大大升高,最后进入喷管进行膨胀,将热能转变成动能从喷管高速喷出。而氢涡轮所发出的功率是液氢泵的能源。在整个核能发动机系统中,核反应堆是最主要的部分。

核能发动机的比冲高(250～1 000s)、寿命长,但技术复杂,只适用于长期工作的航天器。这种发动机由于核辐射防护、排气污染、反应堆控制,以及高效热能交换器的设计等问题未能解决,至今仍处于试验之中。

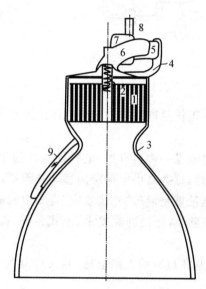

图 4.4.1　核能发动机

1—反应堆；　2—控制棒；　3—氢冷却套；　4—来自冷却套的氢气；　5—氢涡轮；　6—氢涡轮排气入反应堆；
7—液氢泵；　8—来自液氢储箱的导管；　9—高压液氢导管

4.4.2　太阳能发动机

太阳能发动机是以太阳能作为能量来源。按太阳能的利用形式不同,分为太阳能热推进发动机和太阳能电推进发动机等。

1. 太阳能热推进发动机

太阳能热推进发动机的工作原理如图 4.4.2 所示。整个系统可以分成光学采集和发动机两个部分。发动机系统实际上是一种热能转换装置,主要用于迅速加热工质,减少系统的热损失。光学采集系统是和发动机联系在一起的一面大型抛物面反射器,镜面可以绕自身轴线转动,采集阳光时可不受发动机方向的限制。镜面收集到的太阳能聚焦在热交换系统,将输送过来的工质加热,被加热的工质经喷管膨胀加速后,高速排出产生推力。

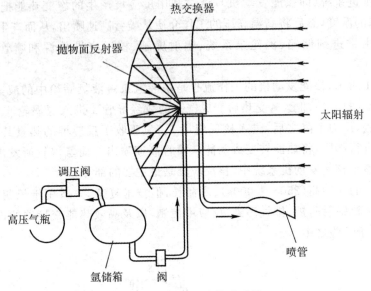

图 4.4.2　太阳能热推进系统

2. 太阳能电推进发动机

太阳能电推进发动机基本工作原理是通过太阳电池的光电效应或者光化学效应直接把光能转化成电能。

太阳电池的分类。太阳电池是一种具有光-电转换特性的半导体器件。在太阳光的照射下,太阳电池内部产生自由电荷,这些自由电荷定向移动并积累,从而在两端形成电动势,这种现象称为"光伏效应"。太阳电池就是通过"光伏效应"将太阳的辐射能转换为电能的。太阳电池多为半导体材料制造,发展至今,已经种类繁多、形式各异,按照材料的不同可以分为如下几类:

1)硅太阳电池:指以硅为基体材料的太阳电池,其又可分为单晶硅太阳电池、多晶硅太阳电池、非晶硅太阳电池等。

2)化合物半导体太阳电池:指以两种或两种以上元素组成的具有半导体特性的化合物半导体材料为基体的太阳电池,如硫化镉太阳电池、砷化镓太阳电池、碲化镉太阳电池、硒铟铜太阳电池、磷化铟太阳电池等。

3)有机半导体太阳电池:指用含有一定数量的碳—碳键且导电能力介于金属和绝缘体之间的半导体材料制成的太阳电池。有机半导体可分为三类:①分子晶体;②电荷转移络合物;③高聚物。

4)薄膜太阳电池:指以单质元素、无机化合物或有机材料等制作的薄膜为基体的太阳电池。目前主要有非晶硅薄膜太阳电池、多晶硅薄膜太阳电池、化合物半导体薄膜太阳电池等。

太阳能电推进动力系统一般由太阳能电池组、锂电池、电动机和控制装置组成。由于太阳辐射的能量密度小,为了获得足够的能量,自主航行器上应有较大的摄取阳光的表面积,以便铺设太阳电池。图 4.4.3 为某太阳能飞机的工作原理图。太阳能通过太阳能电池板转化为电能,其间由峰值跟踪器(MPPT)控制最优的太阳能转换效率。电能一部分驱动螺旋桨旋转,产生推力;另一部分存储在电池中,以备在没有太阳光时,由电池提供电能驱动螺旋桨旋转。

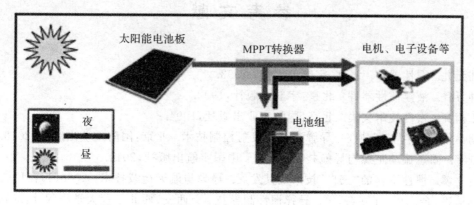

图 4.4.3　典型太阳能飞机的能源动力系统

4.4.3　电推进发动机

电推进发动机是利用电能加速工质,形成高速射流而产生推力的发动机。这种发动机的能源和工质是分开的。电能由飞行器提供,一般由太阳能、核能、化学能经转换装置得到。工质有氢、氮、氩、汞、氨等气体。电推进发动机由电源、电源交换器、电源调节器、工质供应系统和电推力器组成。电源和电源交换器供给电能;电源调节器的功用是按预定程序启动发动机,并不断调整电力器的各种参数,使发动机始终处于规定的工作状态;工质供应系统则是储存工质和输送工质;电推力器的作用是将电能转换成工质的动能,使其产生高速喷气流而产生推力。按加速工质的方式不同,电推进发动机有电热推进发动机、静电推进发动机和电磁推进发动机三种类型。电热推进发动机利用电能加热(电阻加热或电弧加热)工质(氢、胺、肼等),使其气化,经喷管膨胀加速后,由喷口排出而产生推力。静电推进发动机的工质(汞、铯、氢等)从储箱输入电离室被电离成离子,然后在电极的静电场作用下加速成高速离子流而产生推力。电磁推进发动机是利用电磁场加速被电离工质而产生射流,形成推力。电推进发动机具有极高的比冲(700～2 500s)、极长的寿命(可重复启动上万次、累计工作可达上万小时),但产生的推力小于 100N。这种发动机仅适用于航天器的姿态控制、位置保持等。

参 考 文 献

[1] 陆元九. 惯性器件. 北京:宇航出版社,1993.

[2] 钟万登. 液浮惯性器件. 北京:宇航出版社,1992.

[3] 丁衡高. 惯性技术文集. 北京:国防工业出版社,1994.

[4] 胡昌华,马清亮,郑建飞. 导弹测试与发射控制技术. 北京:国防工业出版社,2010.

[5] 刘宇. 固态振动陀螺与导航技术. 北京:中国宇航出版社,2010.

[6] 杨立溪. 惯性平台的"三自"技术及其发展. 导弹与航天运载技术,2000(1):21-24.

[7] 刘洁瑜,余志勇,汪立新,等. 导弹惯性制导技术. 西安:西北工业大学出版社,2010.

[8] 周本川,鲁浩,徐剑荟. 芯片原子自旋陀螺在空空导弹中的应用展望. 航空兵器,2012 (5):5-8.

[9] 李跃,邱致和. 导航与定位——信息化战争的北斗星. 2版. 北京:国防工业出版社,2008.

[10] 肖龙旭,王顺宏,魏诗卉. 地地弹道导弹制导技术与命中精度. 北京:国防工业出版社,2009.

[11] 房建成,宁晓琳,田玉龙. 航天器自主天文导航原理与方法. 北京:国防工业出版社,2006.

[12] 张鹏,周军红. 精确制导原理. 北京:电子工业出版社,2009.

[13] 曹冲. 卫星导航常用知识问答. 北京:电子工业出版社,2010.

[14] 侯建. 月球车立体视觉与视觉导航方法研究. 哈尔滨:哈尔滨工业大学,2007.

[15] 蔡光斌. 吸气式高超声速飞行器姿控系统线性变参数控制. 西安:第二炮兵工程大学,2012.

[16] 邓旭明,王伟,易建强. 移动机器人导航研究现状及其发展趋势展望. http://www. roboticfan.cam/robot/bbs/dispbbs.assp? boardID=25&ID=1361.

[17] Detelear. 各种飞行器发动机工作原理. http://wk.baidu.com/view/6c5401acd1f34693daef3ec5.

[18] 何庆芝. 航空航天概论. 北京:北京航空航天大学出版社,1997.

[19] 过崇伟. 航空航天技术概论. 北京:北京航空航天大学出版社,1992.

[20] 魏瑞轩,李学仁. 无人机系统与作战使用. 北京:北京航空航天大学出版社,2009.

[21] 乔维高,徐学进. 无人驾驶汽车的发展现状及方向. 上海汽车,2007(7):40-43.

[22] 孙振平,安向京,贺汉根. CITAVT-IV——视觉导航的自主车. 机器人,2002,24(2):115-120.

[23] 陈强,张林根. 美国军用UUV现状及发展趋势分析. 舰船科学技术,2010,32(7):129-134.

[24] 李村. 无人水下航行器导航定位与环境感知技术研究. 哈尔滨:哈尔滨工程大学,2012.

[25] 远豪杰. 便携式水下导航定位系统的研究. 南京:南京理工大学,2006.